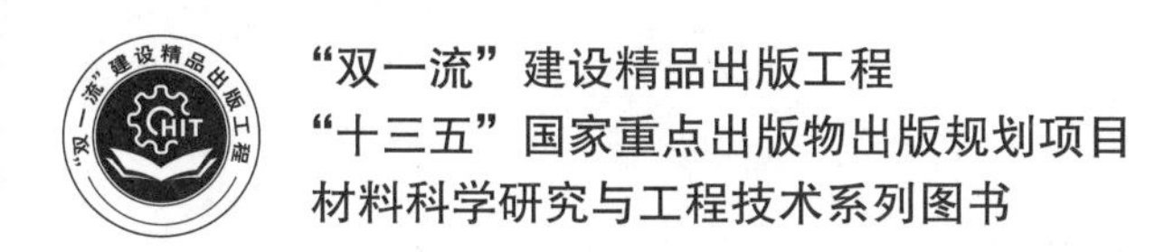

固体物理导论

INTRODUCTION TO SOLID STATE PHYSICS

刘　勇　主编

内容简介

本书主要介绍固体物理的基本概念和基本理论，包括晶体结构、晶体结合、晶格振动、金属电子论和能带理论等内容。

本书可作为材料学科或其他非物理学科本科生固体物理教学用书，也可供相关专业科技人员参考。

图书在版编目(CIP)数据

固体物理导论/刘勇主编. —哈尔滨：哈尔滨工业大学出版社，2020.12

ISBN 978-7-5603-8615-7

Ⅰ.①固… Ⅱ.①刘… Ⅲ.①固体物理学 Ⅳ.①O48

中国版本图书馆 CIP 数据核字(2020)第 013116 号

材料科学与工程
图书工作室

策划编辑 许雅莹 杨 桦
责任编辑 李长波 李青晏
封面设计 屈 佳
出版发行 哈尔滨工业大学出版社
社 址 哈尔滨市南岗区复华四道街 10 号 邮编 150006
传 真 0451-86414749
网 址 http://hitpress.hit.edu.cn
印 刷 黑龙江艺德印刷有限责任公司
开 本 787mm×1092mm 1/16 印张 9 字数 200 千字
版 次 2020 年 12 月第 1 版 2020 年 12 月第 1 次印刷
书 号 ISBN 978-7-5603-8615-7
定 价 28.00 元

前　言

固体物理讲述固体结构,原子结合以及原子、电子等微观粒子运动规律和相互作用,是材料科学与工程专业的基础。固体物理课程在材料科学与工程专业课程体系中居于核心和基础地位。固体物理涉及艰深的数理基础,需要高等数学、线性代数、分析力学和量子力学、统计物理等基础知识,而且本身概念抽象、难于理解,学习起来难度较大。基于以上固体物理教学现状,编写一本适合材料学科学生,具有较好可读性的教材非常必要。

本书介绍固体物理的基本概念和基础理论,主要内容涉及:(1)晶体结构;(2)晶体结合;(3)晶格振动和晶体热学性质;(4)自由电子理论;(5)周期性势场中的电子。另考虑到部分读者可能没有学习"量子力学"课程,特编写一章量子力学基础。

本书的特色在于:充分考虑材料科学与工程专业工科大学生的特点,不贪深求全,尽量少涉及复杂的数学处理,叙述和推理尽量做到清晰易懂,简明扼要。以学生能理解固体物理基本知识为原则,在传统固体物理理论框架下,力求做到物理图像清晰,内容深入浅出,知识体系脉络连贯,为学生进行材料学科后继专业学习打下基础。

本书可作为材料学科或其他非物理学科本科生固体物理教学用书,也可供相关专业科技人员参考。

由于编者水平有限,书中难免有疏漏及不足之处,敬请读者批评指正。

编　者

2020 年 10 月

目　录

第1章　绪论 …… 1

1.1　固体物理学的基本概念 …… 2
1.2　固体物理发展史 …… 4

第2章　量子力学基础 …… 6

2.1　波粒二象性 …… 6
2.2　波函数 …… 6
2.3　算符 …… 7
2.4　薛定谔方程 …… 8
2.5　一维无限深势阱问题 …… 9
2.6　粒子体系的统计问题 …… 12

第3章　晶体结构与布里渊区 …… 14

3.1　晶体的特征 …… 14
3.2　密堆积 …… 16
3.3　布喇菲空间点阵、原胞和晶胞 …… 20
3.4　晶列指数和晶面指数 …… 28
3.5　倒格空间与布里渊区 …… 31
3.6　晶体的对称性及晶格结构的分类 …… 42
3.7　晶格结构的分类 …… 45
思考题与习题 …… 48

第4章　晶体的结合 …… 49

4.1　原子的电负性 …… 49
4.2　结合力及结合能 …… 52
4.3　晶体的结合类型 …… 54
4.4　分子力结合 …… 58
4.5　共价结合 …… 61
4.6　离子结合 …… 62
思考题与习题 …… 65

第 5 章　晶格振动与晶体热学性质 …… 67

5.1　一维晶格的振动 …… 67
5.2　一维复式格子 …… 73
5.3　三维晶格的振动 …… 77
5.4　声子 …… 81
5.5　晶格振动模式密度 …… 83
5.6　晶格振动热容理论 …… 86
5.7　晶格振动的非简谐效应 …… 90
思考题与习题 …… 94

第 6 章　金属电子论 …… 95

6.1　自由电子气的经典理论 …… 95
6.2　自由电子气的量子理论 …… 97
6.3　电导率和霍尔效应 …… 105
6.4　电子发射和接触电势差 …… 107
思考题与习题 …… 109

第 7 章　周期场中的电子 …… 110

7.1　布洛赫定理 …… 111
7.2　能带及其性质 …… 116
7.3　近自由电子近似 …… 118
7.4　紧束缚近似 …… 120
7.5　等能面和能态密度 …… 124
7.6　准经典近似 …… 126
7.7　导体、半导体和绝缘体的能带论解释 …… 131
思考题与习题 …… 136

参考文献 …… 138

第1章　绪　　论

材料是人类社会进步的物质基础。一般认为，能够为人们所用的、制造各种零部件和构件的物质称为材料。材料种类繁多，形态各异，性能也各不相同。比如，金刚石和石墨（图1.1），虽然都是由碳元素组成的，但性能迥然不同。而黄金和木材从组成和性能上看则全然不同（图1.2）。人们赖以生存的水，成分为H_2O，在不同的条件下具有不同的聚集形态，如液态、固态和气态，其中雪花和冰是常见的固体形式（图1.3）。为什么会这样？这源于材料具有不同的成分，不同的结构。其中关于固体物质的物理性质、微观结构，构成物质的各种粒子的运动形式以及相互关系的科学是固体物理学。

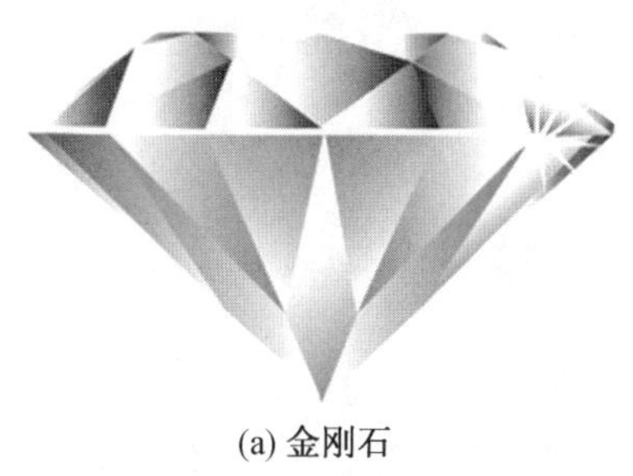

(a) 金刚石

(b) 石墨

图1.1　金刚石和石墨

(a) 黄金

(b) 木材

图1.2　黄金和木材

图 1.3 水的各种形态

1.1 固体物理学的基本概念

固体通常指在承受切应力时具有一定刚性的物质，可以分为晶体、非晶体和准晶体。在温度和压强一定的情况下，无外力作用时，固体保持形状和体积不变。固体是由大量粒子，如原子、分子组成的，原子是由原子核和核外电子组成的。一般固体粒子的数量级别为 $10^{22} \sim 10^{23}$ 个 /cm^3。

对于固体，有如下问题需要回答。固体是由什么粒子组成的？它们是怎样排列和结合的？固体具有什么结构？这种结构是如何形成的？在特定的固体中，电子和原子做什么样的运动？固体的宏观性质和内部粒子的微观运动有什么联系？各种固体有哪些可能的应用？如何探索设计和制备新的固体，研究其特性，开发其应用？

所谓的固体物理学，就是研究和回答上述问题，具体包括如下问题。

(1) 研究固体物质的微观结构。固体多数为晶体，晶体具有各种晶体结构。如 Fe 室温下为体心立方结构，Mg 和 Ti 则呈现密排六方结构，如图 1.4 所示。

(2) 研究构成物质的各种粒子的运动形态和规律。固体物质由各种粒子组成，基本的组成单位为原子。原子包括原子核和核外电子(图 1.5)，原子和电子都做一定形式的运动。如原子时刻在做振动(图 1.6)，电子则绕原子核做旋转运动，同时做自旋运动。研究各种组成粒子的运动形式和规律是固体物理的基本任务。

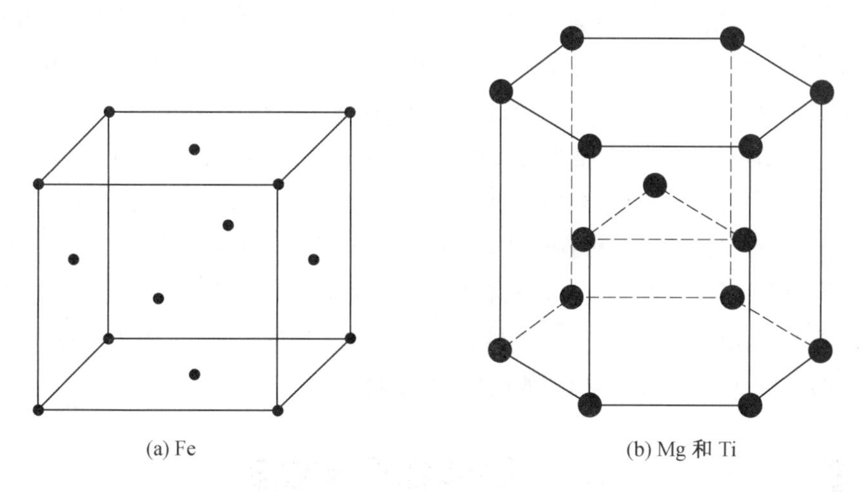

图 1.4　Fe 和 Mg、Ti 室温下的结构

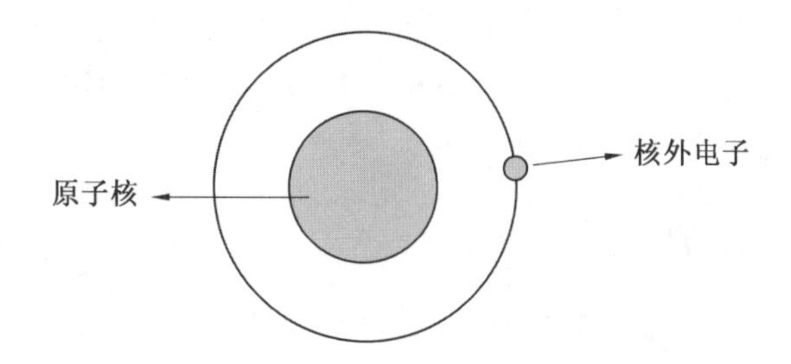

图 1.5　原子的组成

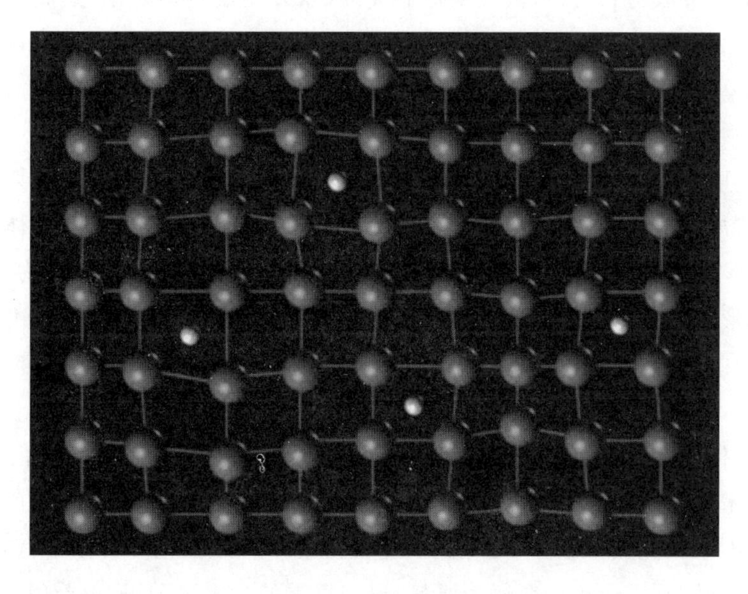

图 1.6　原子的振动

(3) 研究构成物质的各种粒子的相互作用规律。固体物理的另一个任务是研究组成粒子的相互作用规律。如原子之间的相互作用、电子和电子之间的相互作用、原子和电子之间的相互作用。电子－电子作用有库仑排斥作用、交换关联作用,电子－原子核体现为库仑作用,原子－原子之间则存在吸引和排斥作用。

(4) 研究固体物质的物理性质及其物理基础,比如研究电导率等电学性质,极化强度、介电常数等介电性质,热导率、比热容、热膨胀系数等热学性质,折射率、吸收系数等光学性质,弹性模量等弹性性质,磁化强度、磁化率等磁性性质。

固体物理是物理学中内容极丰富、应用极广泛的分支学科,融汇了力学、热力学与统计物理学、电动力学、量子力学和晶体学等多学科的知识,是固体材料和固体器件的基础学科,也是固体新材料和新器件的生长点。

1.2 固体物理发展史

固体物理的发展经历了一个漫长的过程。很早之前人们便开始思考关于固体结构、组织和性能的各种问题,提出了直观的和带有思辨色彩的原始思想。这些原始思想逐渐演化为近代和现代固体物理理论。

1.2.1 原始思想

公元前600年,古希腊就物质是怎么形成的,即物质起源问题,形成了朴素的物质原子论。阿拉克西曼德提出了万物是由无数的原始物质构成的观点。泰勒斯认为万物都是由水聚散构成的,水蒸气就是空气,所以万物的本质是水,这就是有名的水源说。阿拉克西美尼则提出气源说,即万物的本质是空气。赫拉克里特认为万物的本质是火,万物是火与其他物类的混合物,提出火源说。埃姆毕多克拉斯坚持四元说,认为万物是由水、气、火、土组成的。

关于物质的结构,阿拉克撒格拉认为物质是无限可分的。毕达哥拉斯提出元素都是由形状规则的立方体基本粒子构成的。留基伯进一步提出,一个整体是由无数粒子构成的,每个粒子都是刚性的,不可分割;粒子在空间移动,聚集成物,粒子的性质同一,而形状与规模不同。德谟克利特提出原子的观点,认为物质是由原子组成的;虚空而真实的空间是原子运动的场所;人类的知识来源于原子对感官的影响;原子是同一的,原子的特殊组合是可变换的。

我国古代的学者也对物质的起源和结构进行了猜想和研究。如《洪范》记载,宇宙是由金、木、水、火、土五种元素组成。又如"炼丹术"是古代用人工的方法,炼制"既可长生不老又能点石成金"之药的方术。炼丹术曾经在世界各国都有发展,炼金术士们希望能够利用廉价的金属为原料,得到贵重的金属金和银,也希望炼制出长生不老的仙丹。炼丹术虽然不科学,也不可能炼制出长生不老丹,但客观上促进了化学和固体物理的发展。

1.2.2 近代固体物理:晶体结构理论和自由电子经典统计理论

近代自然科学的发展为固体物理学的形成提供了坚实的基础。近代固体物理理论的形成以晶体结构理论和自由电子统计理论为标志。

最早阿羽依通过观察认识到方解石晶体由坚实、相同的、呈平行六面体状的小“基石”构成。1830年布拉菲提出了晶体结构的空间点阵学说,认为晶体的内部结构可以概括为一些相同的点子在空间做有规则的周期性的分布。费奥多罗夫在1890年、熊夫利在1891年、巴洛在1895年,各自建立了晶体对称性的群理论,这标志着晶体结构理论的形成。1912年劳厄等人发现X射线通过晶体的衍射现象,证实了晶体内部原子的周期性排列。1913年布喇格父子建立了晶体结构分析的基础。19世纪以来在晶体结构,固体的电学、磁学、光学、热学等方面的发展所奠定的基础上,固体物理学才形成一门完整的学科。

近代固体物理形成的另一个理论是自由电子经典统计理论。维德曼和夫兰兹于1853年由实验确定了金属导热性和导电性之间关系的经验定律。特鲁德－洛伦兹在1905年建立了自由电子的经典统计理论,能够解释上述经验定律,但无法说明常温下金属电子气对比热容贡献甚小的原因,有很大的局限性。

1.2.3 现代固体物理:自由电子理论和能带理论

量子力学的发展促进了固体物理由近代向现代理论的发展。爱因斯坦利用量子力学研究了晶格振动;1927年泡利首先用量子统计成功地计算了自由电子气的顺磁性;1928年索末菲用量子统计求得电子气的比热容和输运现象,解决了经典理论的困难;稍后费米发展了统计理论。

布洛赫和布里渊分别从不同角度研究了周期场中电子运动的基本特点,为固体电子的能带理论奠定了基础。他们发现电子的本征能量体现为在一定能量范围内准连续的能级组成的能带,相邻两个能带之间的能量范围是完整晶体中电子不允许具有的能量,称为禁带。威耳逊在1931年利用能带的特征以及泡利不相容原理,提出金属和绝缘体相区别的能带模型,并预言介于两者之间存在半导体,为之后的半导体的发展提供理论基础。上述研究成果标志着固态电子理论和晶格动力学的建立。

第 2 章　量子力学基础

固体可以看作是由大量离子和电子组成的复杂体系。量子力学是描述离子和电子运动规律的有力工具。现代固体理论的发展完全得益于量子力学的应用。量子力学是学习固体物理的基础。因此在学习固体物理之前有必要先学习量子力学的基础知识和基本思想。

2.1　波粒二象性

人们经过漫长的时间认识到，光既具有粒子性，又具有波动性。在此基础上人们逐渐认识到其他实物粒子也具有波粒二象性。与运动的实物微粒相联系的波称为德布罗意波，其波长称为德布罗意波长。粒子的能量为

$$E = h\nu = \hbar\omega \tag{2.1}$$

式中　h—— 普朗克常数，$6.626 \times 10^{-24}\ \mathrm{J \cdot s}$；

ν—— 频率；

$\hbar$—— 普朗克常数的另一种形式，计算式为

$$\hbar = \frac{h}{2\pi} \tag{2.2}$$

ω—— 角频率，$\omega = 2\pi\nu$。

粒子的动量为

$$\boldsymbol{P} = \frac{h}{\lambda}\boldsymbol{n} = \hbar\boldsymbol{k} \tag{2.3}$$

式中　λ—— 波长；

$\boldsymbol{n}$—— 沿动量方向的单位矢量；

$\boldsymbol{k}$—— 波矢。

2.2　波函数

我们知道机械波可以用一个函数进行描述。类似地，微观粒子具有波粒二象性，其微观状态也可以用德布罗意波的函数进行描述，这个函数称为波函数。波函数的意义可以用概率的概念进行解释。波函数在空间某一点的强度（模的平方）和在该点找到粒子的概率呈正比。计算式为

$$\rho=|\psi|^2 \tag{2.4}$$

式中 ρ—— 在某点附近单位体积找到粒子的概率,称为概率密度;

ψ—— 波函数。

波函数具有如下基本性质:① 有限函数,不能无穷大;② 单值函数,在同一空间位置只能有一个值;③ 波函数是连续函数;④ 满足归一化条件。

$$\int_V \psi^*(\boldsymbol{r})\psi(\boldsymbol{r})\mathrm{d}\boldsymbol{r}=1 \tag{2.5}$$

式中 $\boldsymbol{r}$—— 位置矢量。

注意波函数并不一定是实函数。所以模的平方用共轭函数和函数乘积的形式表示。“*”代表共轭函数。

最简单的粒子是自由粒子(粒子不受任何作用)。早在薛定谔引入波函数和薛定谔方程前,人们就假定自由粒子可以用最简单的波 —— 简谐平面波来描述,自由粒子的波函数为

$$\psi(\boldsymbol{r},t)=A\mathrm{e}^{\mathrm{i}(\boldsymbol{k}\cdot\boldsymbol{r}-\omega t)} \tag{2.6}$$

式中 A—— 归一化常数。

2.3 算 符

算符是指作用在一个函数上得到另一个函数的数学运算符号。如

$$\hat{F}\psi(x)=\phi(x) \tag{2.7}$$

式中 $\hat{F}$—— 算符,其作用是使函数 $\psi(x)$ 变为另外一个函数 $\phi(x)$。

如果算符作用于函数 $f(y)$ 上,等于某一常数与函数 $f(y)$ 的乘积,称该方程为本征方程。如

$$\frac{\mathrm{d}}{\mathrm{d}x}f(y)=rf(y) \tag{2.8}$$

式中 r—— 常数,也是本征值;

$\mathrm{d}/\mathrm{d}x$—— 算符;

$f(y)$—— 本征函数。

式(2.8)为一典型的本征方程。如对于本征函数 $y=\mathrm{e}^{\alpha x}$,很容易看出其本征值为 α。在量子力学中,量子值如能量、位置、动量都可以用算符来得到,其中能量算符称为哈密顿算符 H。通过哈密顿算符,能量可以写为

$$E=\frac{\int\psi^* H\psi\mathrm{d}\tau}{\int\psi^*\psi\mathrm{d}\tau} \tag{2.9}$$

哈密顿算符可以写为两部分,即势能算符和动能算符。

势能算符为

$$-\frac{Ze^2}{4\pi\varepsilon_0 r} \tag{2.10}$$

式中　Z—— 核电荷数;

e—— 电子电量;

ε_0—— 真空介电常数;

r—— 距离。

动能算符为

$$-\frac{\hbar^2}{2m}\nabla^2 \tag{2.11}$$

式中　m—— 电子质量;

∇—— 梯度算符。

沿 x 轴的动量算符为

$$\frac{\hbar}{\mathrm{i}}\frac{\partial}{\partial x} \tag{2.12}$$

沿 x 轴的动量的期望值为

$$px=\frac{\int\psi^*\ \frac{\hbar}{\mathrm{i}}\ \frac{\partial}{\partial x}\psi\mathrm{d}\tau}{\int\psi^*\ \psi\mathrm{d}\tau} \tag{2.13}$$

2.4　薛定谔方程

正如机械波满足一定的波动方程一样,描述德布罗意波的波函数也满足一定的方程。描述微观粒子的波函数的方程为薛定谔方程,即

$$\left\{-\frac{\hbar^2}{2m}\left(\frac{\partial^2}{\partial x^2}+\frac{\partial^2}{\partial y^2}+\frac{\partial^2}{\partial z^2}\right)+V\right\}\psi(\boldsymbol{r},t)=\mathrm{i}\hbar\frac{\partial\psi(\boldsymbol{r},t)}{\partial t} \tag{2.14}$$

式中　$-\frac{\hbar^2}{2m}\left(\frac{\partial^2}{\partial x^2}+\frac{\partial^2}{\partial y^2}+\frac{\partial^2}{\partial z^2}\right)$—— 动能作用项;

V—— 势能作用项;

$\psi(\boldsymbol{r},t)$—— 波函数。

式(2.14)是单个粒子与时间有关的薛定谔方程。

薛定谔方程描述了微观粒子的基本运动规律。只要给定粒子的势能函数,原则上可以求出描述粒子状态的波函数。迄今没有发现任何违背薛定谔方程的实验证据。而它的有效性越来越明显地表现出来,成为分析微观粒子运动行为的最有效的工具。

如果外加势场不依赖于时间 t,则有

$$\psi(\boldsymbol{r},t)=\varphi(\boldsymbol{r})T(t) \tag{2.15}$$

将式(2.15)代入式(2.14)，利用分离变量法进行处理，得到定态薛定谔方程

$$\left\{-\frac{\hbar^2}{2m}\nabla^2+V\right\}\varphi(\boldsymbol{r})=E\varphi(\boldsymbol{r}) \tag{2.16}$$

式中

$$\nabla^2=\frac{\partial^2}{\partial x^2}+\frac{\partial^2}{\partial y^2}+\frac{\partial^2}{\partial z^2} \tag{2.17}$$

又称为拉普拉斯算符。

在定态薛定谔方程中

$$H=-\frac{\hbar^2}{2m}\nabla^2+V \tag{2.18}$$

式中 H—— 哈密顿算符，代表能量。

利用哈密顿算符，定态薛定谔方程(2.16)可以写为本征方程的形式，即

$$H\psi=E\psi \tag{2.19}$$

式中 ψ—— 本征函数；

E—— 本征值。

薛定谔方程的地位类似于牛顿运动方程在经典力学中的地位，非常重要。二者的相似性和区别在于：① 定态薛定谔方程中的势函数 $V=V(x,y,z)$ 非常重要，其作用类似牛顿第二定律中的 $f(t)$；建立一个定态薛定谔方程，首先要确定势函数的具体形式。② 波函数在量子力学中具有基础地位，通过波函数能够求解量子力学中任何其他的量，作用类似于牛顿第二定律中的位矢函数 $\boldsymbol{r}=\boldsymbol{r}(t)$。③ 定态薛定谔方程研究粒子的定态问题，重点是粒子在空间的变化规律；牛顿第二定律研究的是粒子的时变问题。

2.5 一维无限深势阱问题

现利用量子力学求解粒子处于一维无限深势阱问题。假设粒子位于势阱中，如图 2.1 所示。

粒子具有以下的势能：

$$U(x)=\begin{cases}0 & (0<x<a)\\ \infty & (x\leqslant 0,x\geqslant a)\end{cases} \tag{2.20}$$

则薛定谔方程为

$$-\frac{\hbar^2}{2m}\frac{\mathrm{d}^2}{\mathrm{d}x^2}\psi+U\psi=E\psi \tag{2.21}$$

对于 $U=0,0<x<a$，式(2.21)薛定谔方程变为

$$\frac{\mathrm{d}^2}{\mathrm{d}x^2}\psi+k^2\psi=0 \tag{2.22}$$

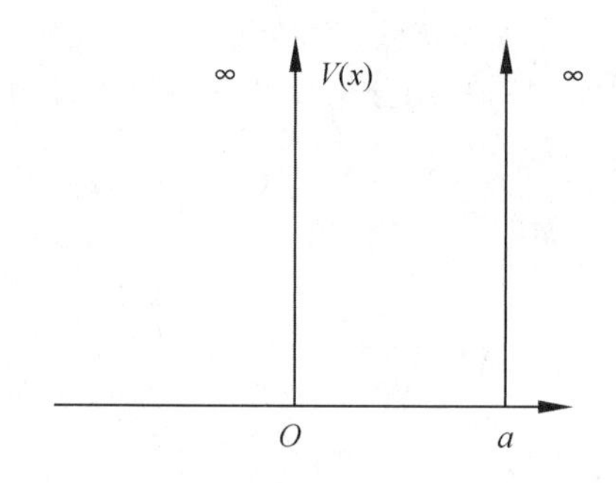

图 2.1 一维无限深势阱

式中

$$k^2 = 2mE/h^2 \tag{2.23}$$

通解为

$$\psi = A\sin(kx + \delta) \tag{2.24}$$

势阱无限深，说明在阱壁及阱壁外的区域，波函数为 0，则有

$$\psi = \begin{cases} A\sin(kx + \delta) & (0 < x < a) \\ 0 & (x \leqslant 0, x \geqslant a) \end{cases} \tag{2.25}$$

由第一个边界条件阱壁 $x = 0$，有

$$\psi = A\sin\delta = 0 \tag{2.26}$$

显然，$A = 0$ 时式(2.26)没有意义，则有 $A \neq 0, \delta = 0$。

代入第二个边界条件，即阱壁 $x = a$，有

$$\psi = A\sin ka = 0 \tag{2.27}$$

则有

$$ka = n\pi \quad (n = 1, 2, 3, \cdots) \tag{2.28}$$

$$k = \frac{n\pi}{a} \quad (n = 1, 2, 3, \cdots) \tag{2.29}$$

于是，解得波函数为

$$\psi_n(x) = \begin{cases} A\sin\dfrac{n\pi}{a}x & (0 < x < a) \\ 0 & (x \leqslant 0, x \geqslant a) \end{cases} \tag{2.30}$$

粒子具有的能量值为

$$E_n = \frac{\hbar^2 n^2 \pi^2}{2ma^2} \tag{2.31}$$

可见束缚于势阱中的粒子运动，能量不是任意的，而是由 n 决定的一系列不连续的值，呈现能量量子化的特点，n 为量子数。能量量子化是束缚态粒子的量子力学特性。

由波函数的形式可以看出：波函数和波函数模的平方具有图 2.2 和图 2.3 所示的形式。值得注意的是，波函数模的平方代表在某点找到这个粒子的概率大小。通过图 2.3 可以看到粒子在空间的分布或存在概率的情况。

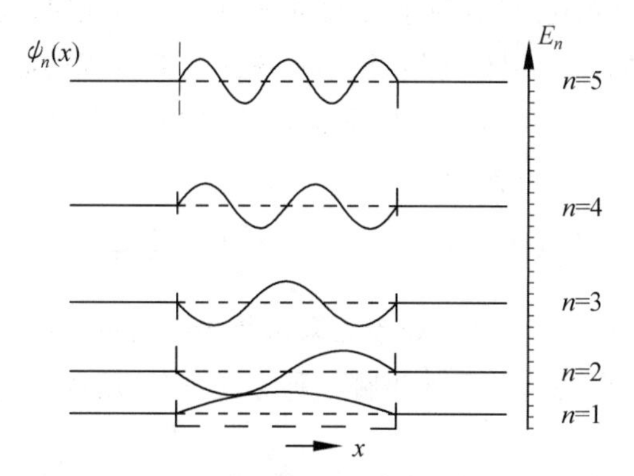

图 2.2 一维无限深势阱波函数的形式 1

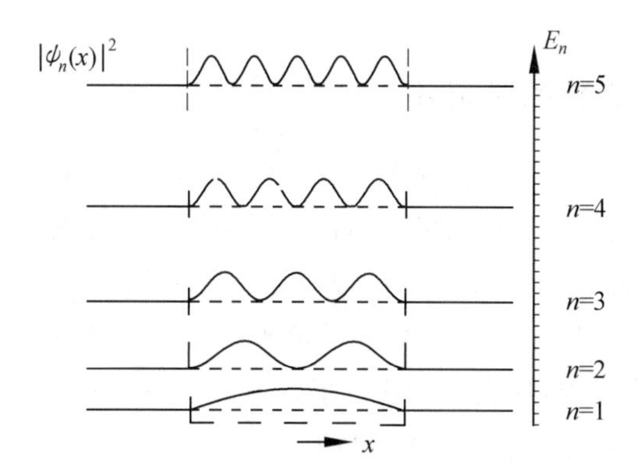

图 2.3 一维无限深势阱波函数的形式 2

结合能量分析，可以看到不同粒子能量状态对应存在概率的大小，如图 2.4 所示。

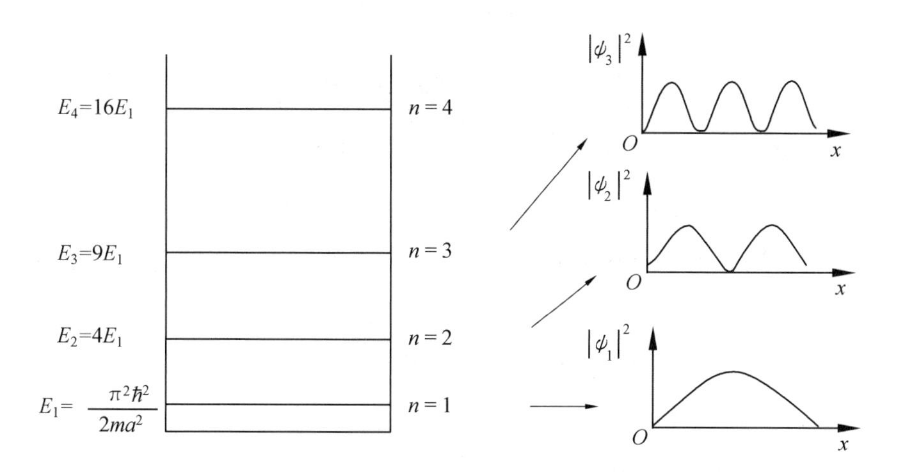

图 2.4 不同粒子能量状态对应存在概率的大小

由以上结果可以看到:微观粒子遵循量子力学运动规律。① 能量量子化,是一切束缚粒子的基本特征,无须任何假设,是求解薛定谔方程的必然产物;② 基态能量不为0,说明物质世界不可能有绝对静止状态;③ 对于一维无限深势阱中的粒子,相邻能量状态(能级)之间的间距为

$$\Delta E_n = E_{n+1} - E_n = \frac{\pi^2 \hbar^2}{2ma^2}(2n+1) \tag{2.32}$$

波函数的解有无穷多个,表示处于无限深势阱中的粒子可以有无穷种运动方式,或者说粒子有多种量子态。粒子处于哪一种方式,应该用统计物理解决。

2.6 粒子体系的统计问题

2.6.1 玻耳兹曼经典统计

现考虑这样一个问题:对于给定的一个处于随机运动和相互碰撞的粒子集合,确定其在E和$E+\Delta E$能量范围内的粒子浓度。考虑图2.5描述的物理过程,能量为E_1和E_2的两个电子相互作用后以能量E_3和E_4沿不同方向运动。设电子能量为E的概率为$P(E)$,其中$P(E)$是具有能量E的电子的份数。设对电子的能量没有限制,即不考虑泡利不相容原理,那么发生这个事件的概率是$P(E_1)P(E_2)$。相反的过程,能量为E_3和E_4的电子相互作用的概率是$P(E_3)P(E_4)$。因为热力学平衡状态,产生前一过程的概率和产生后一过程的概率必须完全相同,有

$$P(E_1)P(E_2) = P(E_3)P(E_4) \tag{2.33}$$

又因为碰撞中能量必须守恒,有

$$E_1 + E_2 = E_3 + E_4 \tag{2.34}$$

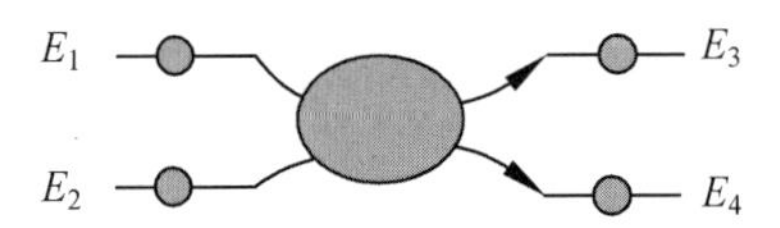

图2.5 能量为E_1、E_2的两个电子相互作用结束后能量为E_3、E_4

需要找到同时满足上述两式的$P(E)$。基于在气体分子能量分布上的经验,$P(E)$可能的表达式为

$$P(E) = A\exp\left(-\frac{E}{k_B T}\right) \tag{2.35}$$

式中 A—— 常数;

k_B—— 玻耳兹曼常数;

T—— 绝对温度。

事实上,可以证明式(2.35)是式(2.33)和式(2.34)的解。式(2.35)称为玻耳

兹曼概率函数。注意因为利用 $P(E)$ 计算的平均能量要与实验相符，所以式(2.35)中出现 $k_B T$ 项。

经典粒子服从玻耳兹曼统计。一般地，如果状态数远大于粒子数，两个粒子具有相同量子数的可能性可以忽略不计，即不符合泡利不相容原理，这时可以考虑用玻耳兹曼统计。

2.6.2　费米－狄拉克统计

继续考虑图2.5中电子相互之间的作用。设电子符合泡利不相容原理，没有两个电子能量具有相同的量子态。假设在一个能量值为 E 的量子态(含自旋)只能有一个电子。仍然考虑这样一个事件：能量为 E_1 和 E_2 的两个电子相互作用后以能量 E_3 和 E_4 沿不同方向运动。这时需要设能量为 E_3 和 E_4 的状态没有被占据。设 $f(E)$ 是在这个新的条件下一个电子处在能量为 E 的状态中的概率。发生这一事件的概率是

$$f(E_1)f(E_2)[1-f(E_3)][1-f(E_4)] \tag{2.36}$$

方括号表示能量为 E_3 和 E_4 的状态是空的这一事件的概率。同样，在热平衡中，能量为 E_3 和 E_4 的电子相互作用跃迁到 E_1 和 E_2 的过程与前一个过程有相同的可能性。因此，$f(E)$ 满足方程

$$f(E_1)f(E_2)[1-f(E_3)][1-f(E_4)]=f(E_3)f(E_4)[1-f(E_1)][1-f(E_2)] \tag{2.37}$$

另外考虑能量守恒，有

$$E_1+E_2=E_3+E_4 \tag{2.38}$$

根据方程(2.37)和方程(2.38)的形式特点，设想 $f(E)$ 解的形式为

$$f(E)=\frac{1}{1+A\exp\left(\frac{E}{k_B T}\right)} \tag{2.39}$$

式中　A——常数。

同样 $k_B T$ 项出现使计算的这一平均系统特性与实验相符。设

$$A=\exp\left(-\frac{E_F}{k_B T}\right) \tag{2.40}$$

则式(2.39)变为

$$f(E)=\frac{1}{1+\exp\left(\frac{E-E_F}{k_B T}\right)} \tag{2.41}$$

式中　E_F——常数，称为费米能。

式(2.41)的概率分布形式为费米－狄拉克分布，给出了在一个能量为 E 的状态找到一个电子的概率。

第 3 章　晶体结构与布里渊区

固体可以分为晶体、非晶体和准晶体，其中大部分是晶体，其次是非晶体。本章主要讲述晶体的结构问题，讨论晶体中原子周期性排列的几何特征及其对称性的一些基本规律。其中晶体的共性和密堆积是了解晶体性质和结构的基础。本章在讲述晶体共性和密堆积的基础上介绍原胞、晶面、倒格子、对称性及晶格结构分类。

3.1　晶体的特征

不同原子构成的晶体，性质具有很大的差别；同种原子构成的晶体，结构不同，性质也不同。如 Al 是电的良导体，而 Al_2O_3 是优良的绝缘体。金刚石和石墨都是由碳原子组成的，但是金刚石硬度高，不导电；石墨硬度低，具有良好的导电性能。不同的晶体除具有各自的特性外，也存在共同的特征。

1. 晶体的长程有序

晶体的长程有序指晶体中原子按一定的规则排列，这种有序至少是在微米量级范围内。对于单晶体，在整体范围内原子是有序排列的；对于多晶体，在各晶粒范围内原子是有序排列的。长程有序是晶体最突出的特点。

2. 晶体的自限性

人们经常观察到晶体物质在适当的条件下能自发地成长为单晶体，一般以平面作为它与周围物质的界面，呈现凸的多面体。晶体具有自发地形成封闭几何多面体的特性，称为自限性。图 3.1 所示为理想石英晶体的外形，图 3.2 所示为人工石英晶体规则外形。通过图 3.1 和图 3.2，可以观察到石英晶体的自限性。

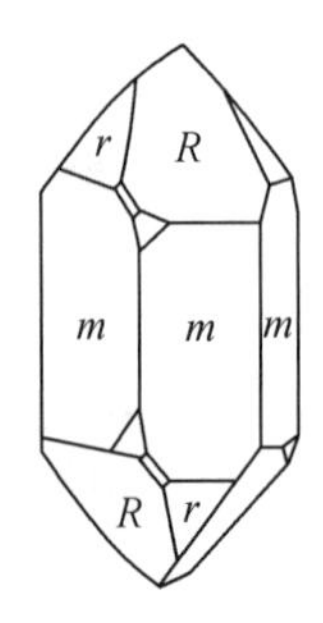

图 3.1　理想石英晶体的外形

晶体的自限性是晶体内部原子的规则排列在晶体宏观形态的反映，本质为晶体中原子之间的结合，遵从能量最小原理。

图 3.2 人工石英晶体规则外形

3. **晶面角守恒**

由于生长条件的不同,同一晶体的外形会有差异。在一种条件下生长的晶体,其晶面的数目和相对大小,可能与另一条件下同种晶体的晶面情况有差异。虽然晶体外形可能不同,但相应两晶面之间的夹角是不变的。如图 3.3 所示,石英晶体 mR 两面的夹角为 $38°13'$。

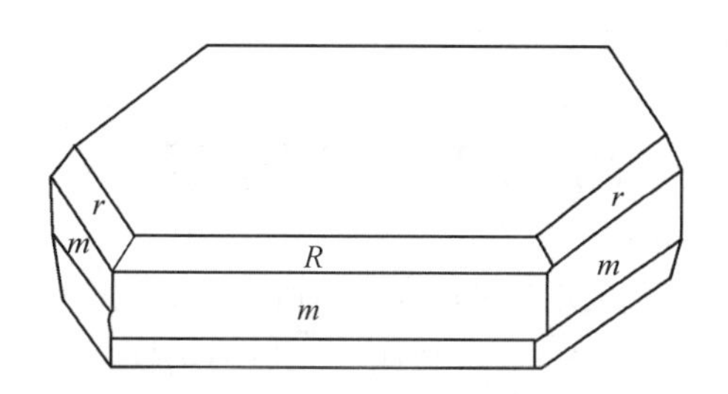

图 3.3 一种人造石英晶体晶面角

4. **晶体各向异性**

晶体各向异性是指晶体物理性质具有各向异性和单晶体形状具有各向异性。晶体的物理性质具有各向异性,如双折射现象:光线沿石英晶体 c 轴入射,具有单折射现象;沿非 c 轴方向入射则具有双折射现象。表 3.1 给出了不同材料单晶体弹性模量、抗拉强度和延伸率等的各向异性。

表 3.1 不同材料单晶体性能各向异性

类别	弹性模量 /MPa		抗拉强度 /MPa		延伸率 /%	
	最大	最小	最大	最小	最大	最小
Cu	667 000	191 000	346	128	55	10
α－Fe	293 000	125 000	225	153	80	20
Mg	50 600	42 900	840	294	220	20

另一方面,经常可以观察到晶体沿某些确定方位的晶面发生劈裂的现象,如方解石和云母,这种现象称为解理性。解理性也是各向异性的表现。晶体的各向异性从

晶体的外形中也可以观察到。人们经常观察到某一方向的晶面的形状、大小与其他方向的晶面各异;一些晶面的交线相互平行。这是单晶体形状各向异性的表现。图3.4所示为晶体的解理性例子。

图3.4 晶体的解理性与方解石的形状

因为晶体的物理性质是各向异性的,所以物理常数一般不能用一个数值表示,例如,压电常数、弹性常数、介电常数、电导率等一般用张量表示。晶体的各向异性是晶体区别于非晶体的重要特性。

3.2 密堆积

最早人们猜想晶体是由实心的基石堆砌而成的。这个设想形象直观地描述了晶体内部的原子规则排列这一特点,直到现在人们仍用这种堆积排列方式形象地描述晶体的简单晶格结构。

把原子视为刚性小球,在一个平面内最简单的规则堆积是正方排列,这时一个原子球和平面内的4个最近邻原子相切,如图3.5所示。

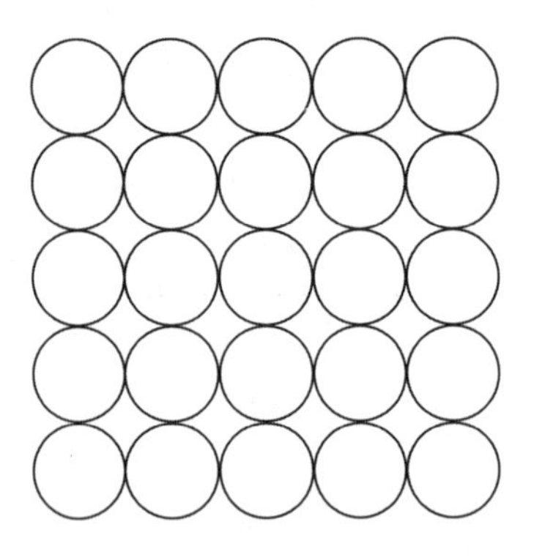

图3.5 平面内原子正方排列

如果两层层内呈正方排列的原子,按上下两层原子与原子一一对应的原则排列,则会形成简单立方结构,如图3.6所示。

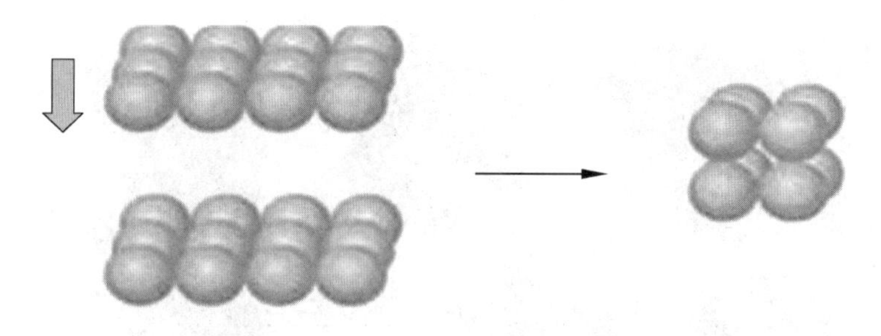

图 3.6 简单立方结构

两层层内呈正方排列的原子堆积是一种简单的原子在三维空间的排列方式。事实上还有一种比简单立方结构更致密的排列方式。若在原子球间隙内正好放入一个全同的原子球，并且空隙内的原子球与最近邻的 8 个原子球相切，便形成体心立方结构，如图 3.7 所示。

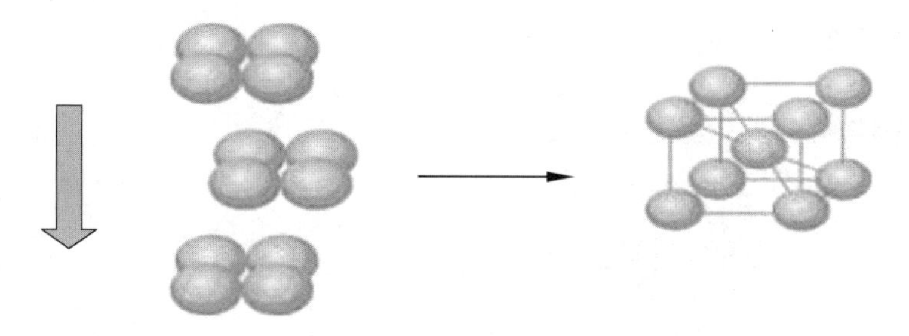

图 3.7 体心立方结构

以上两种堆积并不是最紧密的堆积方式。几何证明，原子球要构成最紧密的堆积方式，必须与同一平面内相邻的 6 个原子球相切，如图 3.8 所示。这样的原子面为密排面。要达到最紧密堆积，相邻原子层也必须是密排面，而且原子心必须与相邻原子层的空隙相重合。

图 3.8 平面内的原子密排

上述平面内的原子密排结构，按照图 3.9 和图 3.10 所示堆叠，第三层的球心落在第二层的空隙上，而且该空隙和第一层的原子空隙重合，第四层又恢复成第一层的排列，即原子按 ABCABC⋯ 堆积，这便形成了面心立方结构。

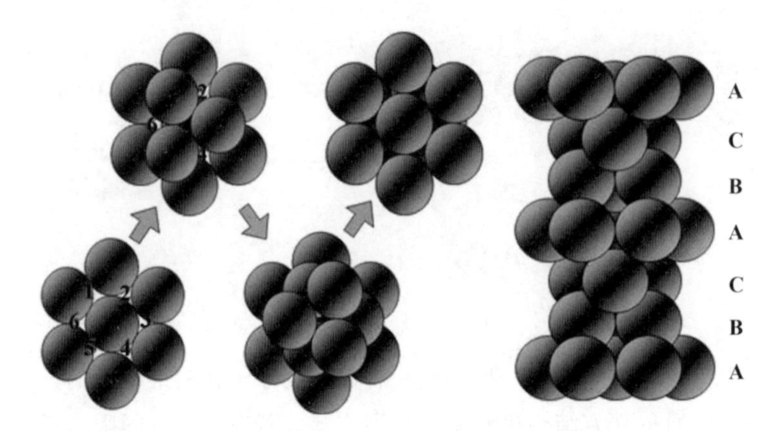

图 3.9　面心立方结构的形成 1

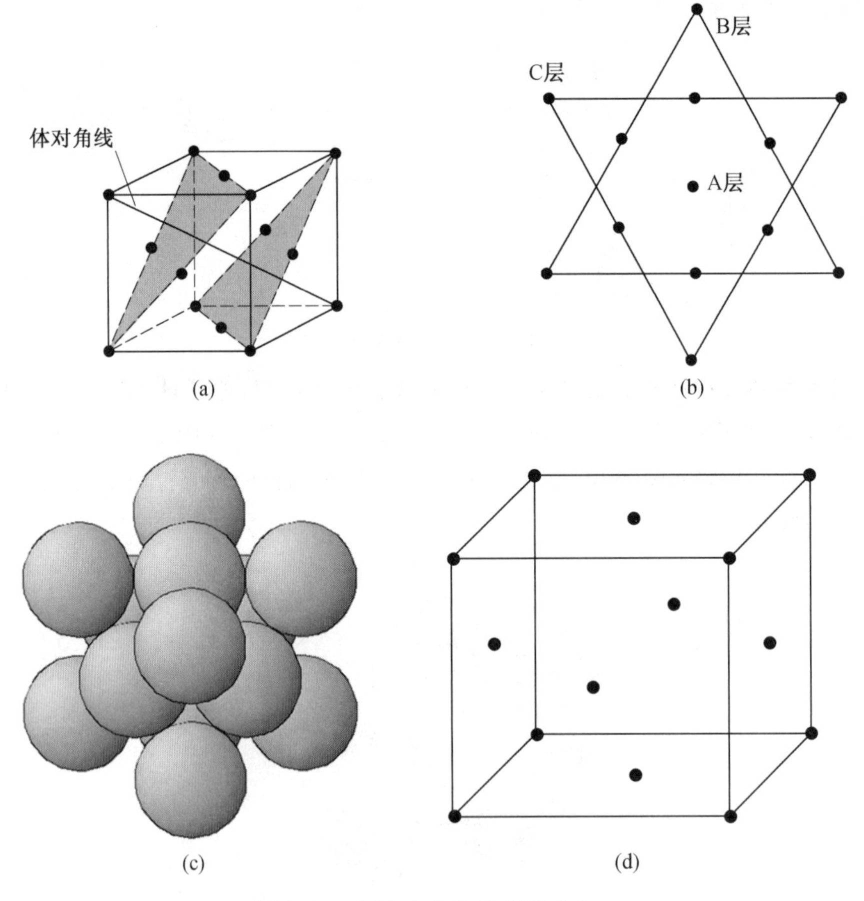

图 3.10　面心立方结构的形成 2

如果第三层的原子球落在第二层的空隙上，且与第一层平行对应，便构成了六角密排方式。即原子按照 ABABAB… 堆积，如图 3.11 和图 3.12 所示，则形成密排六方结构。

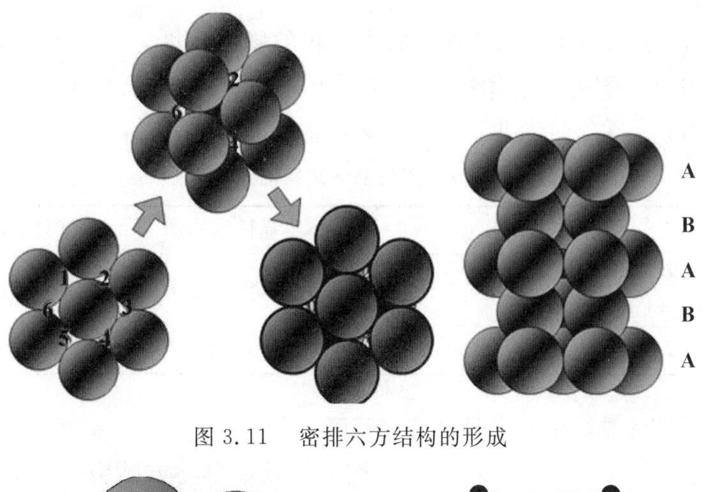

图 3.11 密排六方结构的形成

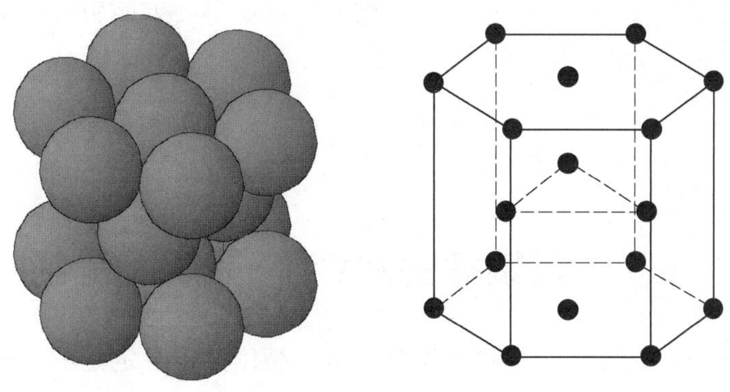

图 3.12 密排六方结构

一个粒子的周围最近邻的粒子数,可以用来描写晶体小粒子排列的紧密程度,这个数称为配位数。粒子排列越紧密,配位数应该越大。现在来考虑晶体中最大的配位数和可能的配位数。在六角和立方两种密堆积结构中,每个球在同一层内和 6 个球相邻,和上下层的 3 个球相切,所以每个球最近邻的球数是 12,即配位数是 12,这就是晶体结构中最大的配位数。如果球的大小不等,例如晶体由两种原子组成,则不可能组成密堆积结构,因而配位数必须小于 12,但由于周期性和对称性的特点,晶体也不可能具有配位数 11、10 和 9,所以次一个配位数是 8,为氯化铯型结构。晶体的配位数不可能是 7,再次一个配位数是 6,相应于氯化钠型结构。晶体的配位数也不可能是 5,下一个配位数是 4,为四面体结构。配位数是 3 的为层状结构,配位数是 2 的为链状结构。表 3.2 给出了不同晶体结构的配位数。

表 3.2 不同晶体结构的配位数

晶体结构	配位数	晶体结构	配位数
面心立方 六角密排	12	氯化钠	6
体心立方	8	氯化铯	8
简立方	6	金刚石	4

致密度(η)表示晶体中原子在空间中堆积的紧密程度。把原子看作刚球时,致密度等于晶胞内原子所占的体积与晶胞体积的比率。η=晶胞中的原子的体积之和/晶胞的体积。表3.3给出了不同晶体结构的致密度。

表3.3 不同晶体结构的致密度

晶体结构	致密度/%	晶体结构	致密度/%
面心立方 六角密排	74.0	金刚石	34.0
体心立方	68.0	简立方	52.4

例3.1 试计算简单立方晶胞的致密度η。

解 设简单立方晶胞的边长为a,则堆垛成简单立方晶胞的原子半径最大为$a/2$。由于简单立方中只有一个原子,所以

$$\eta=\frac{\frac{4}{3}\pi\left(\frac{a}{2}\right)^3}{a^3}=\frac{\pi}{6}\approx 0.523\,6$$

3.3 布喇菲空间点阵、原胞和晶胞

同种原子构成的晶体结构相对简单。实际晶体并不一定是由一种原子来构成的,往往是由数种不同原子构成。晶体中原子种类越多,晶体的结构越复杂。要完整描述晶体的微观结构包括:① 组成晶体的原子的成分;② 粒子在空间规则排列的方式。19世纪布喇菲提出了空间点阵学说。空间点阵学说借助于格点、基元、基矢和原胞的概念来描述晶体内部的细微结构,是对实际晶体结构的一个数学抽象,反映了晶体的周期性。

3.3.1 基元

理想的晶体可以看作是完全相同的原子、分子或原子团在空间有规则地周期性排列构成的固体材料。能周期性排列构成某种晶体的最小的原子、分子或原子团称为晶体的基本结构单元,简称为基元。图3.13所示为基元的示意图。

基元是构成晶体的完全相同的原子、分子或原子团。所谓完全相同是指任意两个基元,原子的化学性质完全相同;任意两个基元,原子的几何环境完全相同。在无限大的晶体中各个基元周围的原子排列情况是完全相同的;在基元内部,每个原子的情况是不相同的(或原子的化学性质不同,或原子的周围环境不同)。但在任意两个单元中,相应位置处原子的情况是相同的。

有的基元只含有一个原子,如铜、金和银;有的晶体基元含有两个原子,如金刚石、氯化钠等;有的晶体基元含有多个原子,如$NdCd_2$含有1 000多个原子。

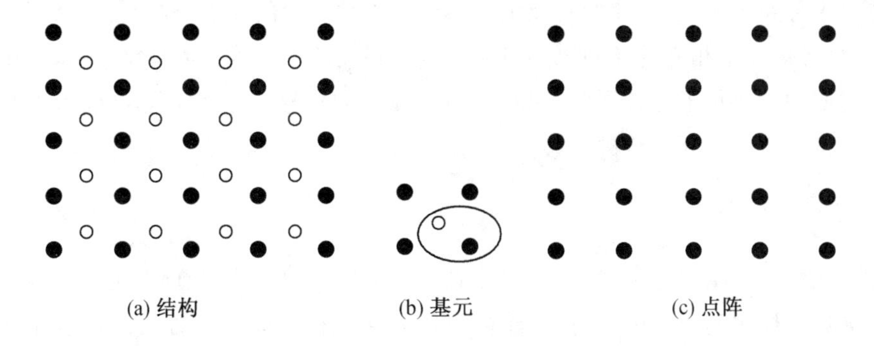

图 3.13 基元的示意图

如果忽略晶体结构单元中基元内原子分布的细节，如图 3.14 所示，用一个几何点替代基元的位置，这些几何点称为格点或结点，这些点的总体称为布喇菲点阵。

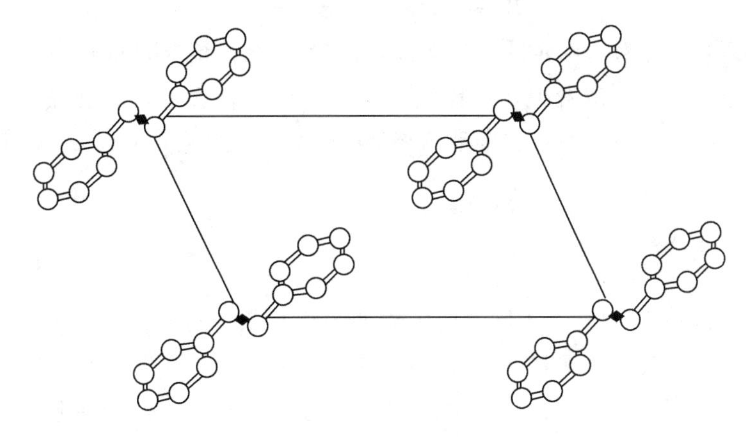

图 3.14 格点取代基元示意图

与晶体几何特征相似，但无任何物理实质的、仅有布喇菲点阵格点之间相互连接形成的网络称为布喇菲格子。注意点阵是纯粹的几何抽象，只有将具体的基元替代格点按点阵分布(图 3.14)，才可得到晶体。

$$点阵 + 基元 = 晶体结构 \tag{3.1}$$

注意整个晶体结构可以看作是这个基元沿空间点阵不同方向，按一定的距离周期性平移而生的。每一个平移距离称为周期。晶体的周期总是具有方向性的，一个方向对应一个周期，不同方向上的周期一般不同。

3.3.2 简单格子和复式格子

如果把晶体中的原子抽象为一个点，格点之间用直线连接，形成网络，称为晶格。晶格为原子的规则排列，可以分为简单格子和复式格子。晶体只有一种原子组成，且基元中只含有一个原子，原子中心与格点重合，这种晶格称为简单格子。简单格子就是布喇菲格子。晶体只有一种原子组成，且基元中含有两个或两个以上原子；

或晶体由多种原子构成,晶体的基元包括两种或两种以上的原子,称为复式格子。复式格子中,各单元中相应的同种原子组成与点阵相同的网络构成简单格子;基元中不同原子构成的简单格子是相同的,相互之间有一定的位移。整个晶格可以看作是相同的简单格子相互错开一定的位移并套构而成。

3.3.3　基矢

为了在数学上精确地描述一个点阵,对于一个给定的布喇菲点阵,可以认为选择与晶格维数一样多的一组矢量,使得晶格中任意两个格点间的位置矢量可以用该组矢量的线性组合来表示。

在点阵中,l_1、l_2、l_3 为任意整数,$\boldsymbol{a}_1$、$\boldsymbol{a}_2$、$\boldsymbol{a}_3$ 为不共面的基本矢量,大小为三个方向上的周期,称为点阵的基矢。对于三维点阵任意两个格点间的位置矢量,有

$$\boldsymbol{R}_l = l_1\boldsymbol{a}_1 + l_2\boldsymbol{a}_2 + l_3\boldsymbol{a}_3 \tag{3.2}$$

基矢的意义在于对于给定的布喇菲点阵,选择与晶格维数同样多的一组矢量,使得晶格中任意两点间的位置矢量用该组矢量的线性组合表示。对于任意给定的点阵,基矢的选择不是唯一的,存在多种不等价的方式;但必须满足 $\boldsymbol{a}_1$、$\boldsymbol{a}_2$、$\boldsymbol{a}_3$ 构成的平行六面体的体积相等这一要求。

3.3.4　原胞

以一结点为顶点,以三个不同方向的周期为边长的平行六面体可作为晶格的一个重复单元。体积最小的重复单元,称为原胞或固体物理学原胞。图3.15所示为一个例子,它能反映晶格的周期性。设原胞的基矢分别为 $\boldsymbol{a}_1$、$\boldsymbol{a}_2$、$\boldsymbol{a}_3$,则原胞的体积为

$$\boldsymbol{a}_1 \cdot (\boldsymbol{a}_2 \times \boldsymbol{a}_3) = \Omega \tag{3.3}$$

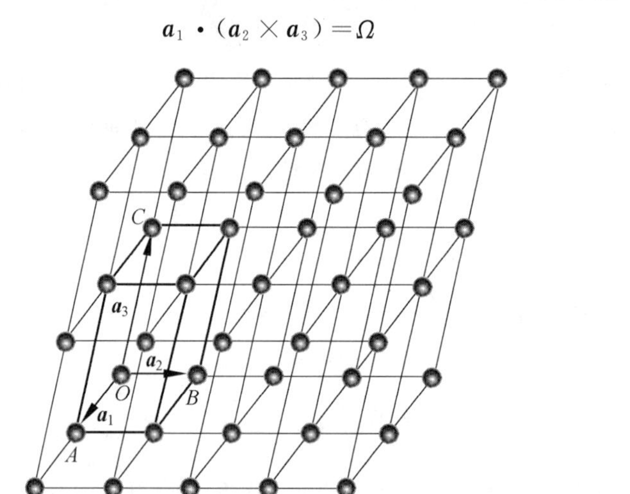

图3.15　原胞示意图

原胞的选取不是唯一的,但它们的体积(对应二维情况为面积)都相等。图3.16所示为二维晶格中的原胞,可以看到原胞的选取不是唯一的。

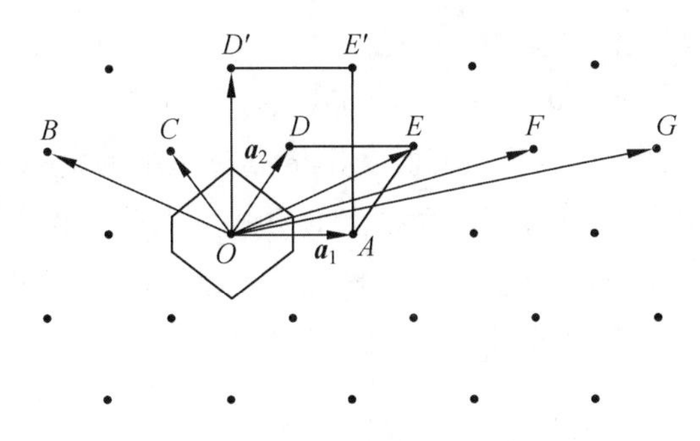

图 3.16 二维晶格中的原胞

3.3.5 晶胞

每种晶体除了微观结构的周期性以外，还有特殊的宏观对称性。在结晶学上，既能反映晶体的周期性，又能反映对称性，这样所取的重复单元，体积不一定最小，而且结点不仅可以在顶角上，还可以取在体心或面心位置。这种重复单元称为晶胞、惯用晶胞或布喇菲原胞。称重复单元的边长矢量为基矢。类似，以 $\boldsymbol{a}_1$、$\boldsymbol{a}_2$ 和 $\boldsymbol{a}_3$ 表示原胞的基矢，以 $\boldsymbol{a}$、$\boldsymbol{b}$、$\boldsymbol{c}$ 表示晶胞的基矢。

布喇菲晶胞的选取原则如下：选取的平行六面体代表整个晶体点阵的对称性；平行六面体中应有尽可能多的相等的棱边和顶角；平行六面体中应有尽可能多的直角；在上述条件下选择体积最小的平行六面体。

原胞是只考虑点阵周期的最小重复单元，而晶胞则是同时考虑周期性和对称性的重复单元。根据不同的对称性，有的布喇菲格子的原胞与晶胞相同，有的则不同。但晶胞的体积必定是原胞的整数倍。

下面讨论几种简单的晶胞。

1. 简单立方结构

简单立方结构如图 3.17 所示。在边长为 a 的立方体的每一个顶点都有一个原子占据，原胞的其他部分没有原子。原胞的三个基矢 $\boldsymbol{a}_1$、$\boldsymbol{a}_2$、$\boldsymbol{a}_3$ 长度相等，各自构成立方体的一条边。其原胞和晶胞结构是统一的。

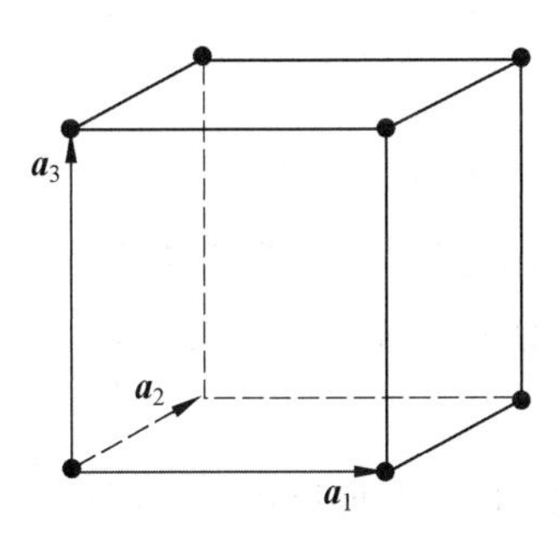

图 3.17 简单立方结构

原胞基矢与晶胞基矢的关系为

$$\boldsymbol{a}_1=\boldsymbol{a},\quad \boldsymbol{a}_2=\boldsymbol{b},\quad \boldsymbol{a}_3=\boldsymbol{c} \tag{3.4}$$

一个角顶为8个原胞共有,角顶上的一个格点对原胞的贡献是1/8,8个角顶上的格点对一个原胞的贡献正好等于一个格点的贡献。也就是说,一个简立方原胞对应点阵中的一个格点。可见简立方晶胞仅含有一个原子,是最小的重复单元,与原胞相同。因此简单格子是一种布喇菲格子。

2.体心立方结构

体心立方结构如图3.18所示。在体心立方结构的晶胞中,8个顶角上各配置一个原子,在体心还有一个原子。对整个晶格而言,顶角上的原子和体心的原子是等同的,可见体心立方晶格属于布喇菲格子。

由于顶角上的每个原子为8个相邻的晶胞所共有,只有1/8个是属于某个晶胞的,体心上的一个原子为晶胞所独有,故每个晶胞含2个原子。

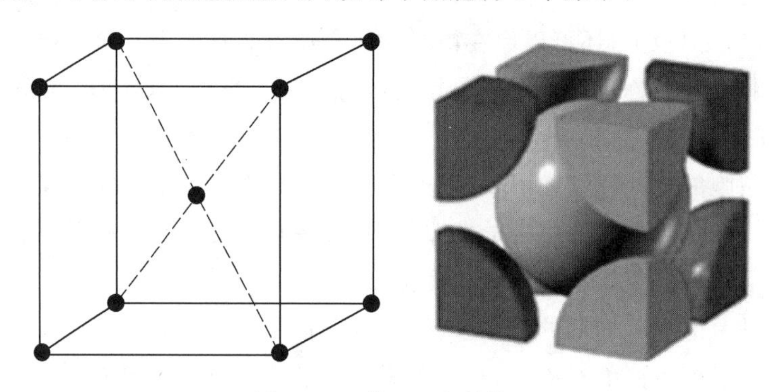

图3.18　体心立方结构1

对于体心立方晶胞,原胞基矢可以表示为

$$\begin{cases}\boldsymbol{a}_1=\dfrac{1}{2}(-\boldsymbol{a}+\boldsymbol{b}+\boldsymbol{c})\\ \boldsymbol{a}_2=\dfrac{1}{2}(\boldsymbol{a}-\boldsymbol{b}+\boldsymbol{c})\\ \boldsymbol{a}_3=\dfrac{1}{2}(\boldsymbol{a}+\boldsymbol{b}-\boldsymbol{c})\end{cases} \tag{3.5}$$

晶胞的体积为

$$\Omega=\boldsymbol{a}_1\cdot(\boldsymbol{a}_2\times\boldsymbol{a}_3)=a^3/2 \tag{3.6}$$

可见,原胞的体积为体心立方晶胞的1/2。其结构如图3.19所示。

常见的具有体心立方结构的材料有Li、Na、K、Rb等。

3.面心立方结构

面心立方结构如图3.20所示。在面心立方结构的晶胞中,除8个顶角上各配置一个原子,在立方体的6个面心还有一个原子。对于整个晶格而言,顶角上的原子和面心上的原子是等同的,故面心立方晶体属于布喇菲格子。

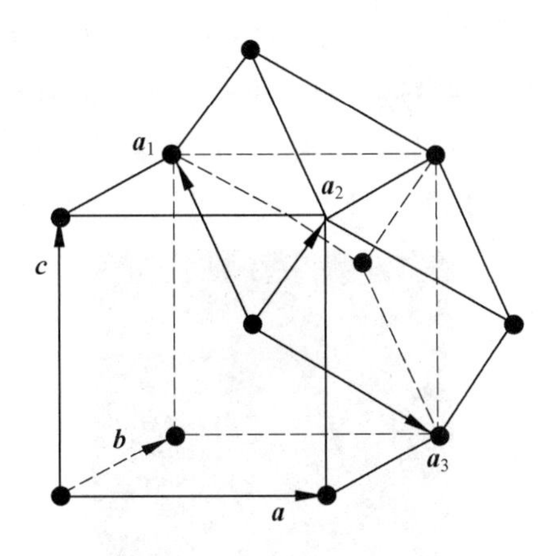

图 3.19 体心立方结构 2

由于顶角上的每个原子为 8 个相邻的晶胞所共有，只有 1/8 个是属于某个晶胞的。面心上的每个原子为相邻的两个晶胞所共有，只有 1/2 个是属于某个晶胞的，故每个晶胞含有$(8\times 1/8+6\times 1/2=4)$4 个原子。

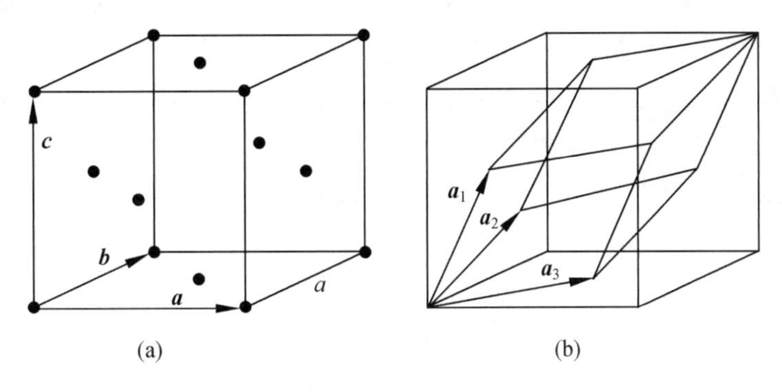

图 3.20 面心立方结构

如图 3.20(a)、(b) 所示，面心立方结构原胞基矢与晶胞基矢的关系为

$$\begin{cases} \boldsymbol{a}_1=\dfrac{1}{2}(\boldsymbol{b}+\boldsymbol{c}) \\ \boldsymbol{a}_2=\dfrac{1}{2}(\boldsymbol{a}+\boldsymbol{c}) \\ \boldsymbol{a}_3=\dfrac{1}{2}(\boldsymbol{a}+\boldsymbol{b}) \end{cases} \tag{3.7}$$

而原胞的体积为

$$\Omega=\boldsymbol{a}_1\cdot(\boldsymbol{a}_2\times\boldsymbol{a}_3)=a^3/4 \tag{3.8}$$

可见，原胞的体积为面心立方晶胞的 1/4。

常见的具有面心立方结构的材料有 Ag、Al、Au、Cu 等。

4. 氯化铯结构

图 3.21 所示为氯化铯(CsCl) 结构。晶格中含有两种离子 Cs^+、Cl^-，是一种复式

格子。Cs^+、Cl^- 各自组成一个简立方的布喇菲格子,因此氯化铯结构可以看作是 Cs^+ 简立方点阵和 Cl^- 简立方点阵沿体对角线位移一半套构而成。因此它不是体心立方结构,而是一种复式简立方结构。而晶胞只含一个基元(CsCl),晶胞即是原胞。

常见的 CsCl 结构有 TiBr、TiI、CuPd 等。

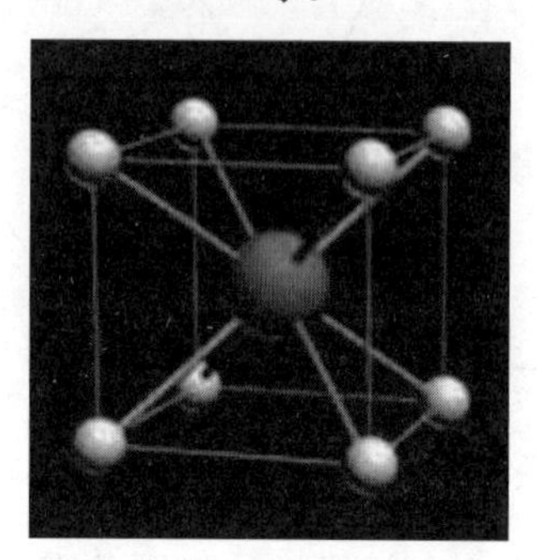

图 3.21 CsCl 结构

5. NaCl **结构**

图 3.22 所示为 NaCl 结构。晶格中含有两种离子 Na^+、Cl^-,是一种复式格子。Na^+、Cl^- 各自组成一个面心立方的布喇菲格子,因此 NaCl 结构可以看作是 Na^+ 面心立方结构点阵和 Cl^- 面心立方点阵沿体对角线位移一半套构而成。它属于复式面心立方结构,每个晶胞含有 4 对离子(4 个 Cl^-,4 个 Na^+)。

Li、Na、K、Rb 和 F、Cl、Br、I 等元素的化合物属于 NaCl 型结构。

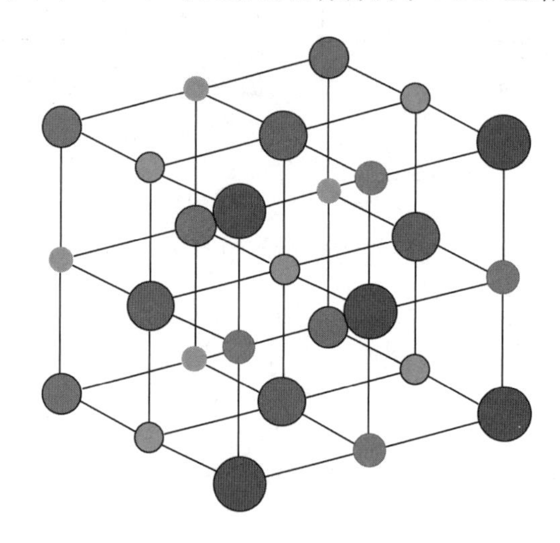

图 3.22 NaCl 结构

6. **金刚石结构**

图 3.23 所示为金刚石结构。晶胞中对角线 1/4 处的原子与面心或顶角上的原子价键取向是不同的,可见,晶胞中含有两种几何环境不同的碳原子,故金刚石结构是复式格子。

由于两种几何环境不同的碳原子各自组成一个面心立方的布喇菲格子,因而金刚石结构可以看作是 2 个碳的面心立方的布喇菲格子沿体对角线平移 1/4 长度套构而成的，属于复式面心立方结构。对于上述的金刚石结构，每个基元有 2 个碳原子（1 个对角线 1/4 处的碳原子、1 个面心或顶角上的碳原子）；每个晶胞有 8 个碳原子（4 个对角线 1/4 处的碳原子、4 个面心或顶角上的碳原子）。

重要的半导体材料 Si 就属于金刚石结构。

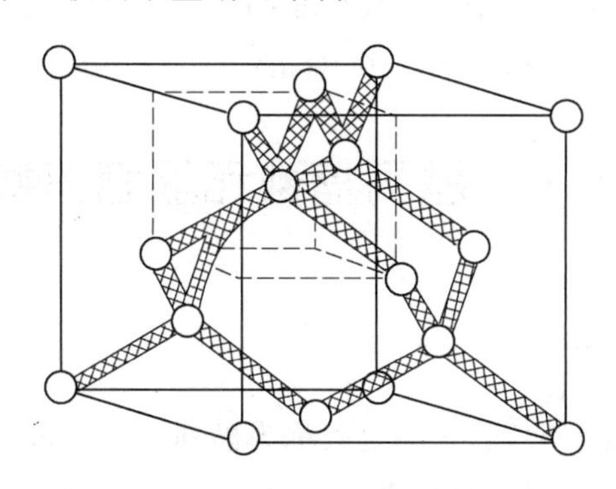

图 3.23　金刚石结构

7. 闪锌矿结构

图 3.24 所示为闪锌矿结构。该结构中有两种原子 Zn 和 S。Zn 和 S 原子各自组成一个面心立方的布喇菲格子，因而闪锌矿结构可以看作是 Zn 组成的面心立方点阵和 S 组成的面心立方点阵沿体对角线平移 1/4 长度套构而成，属于复式面心立方结构。对于上述的闪锌矿结构，每个晶胞有 8 个碳原子（4 个 Zn 原子，4 个 S 原子）。

闪锌矿结构与金刚石类似，但是两种原子组成，没有对称中心。许多重要的化合物半导体如砷化镓（GaAs）、锑化铟（InSb）、磷化铟（InP）都属于闪锌矿结构。此外，AgI、AlP、CdS、$CuCl_2$、CuF_2 都属于此类结构。

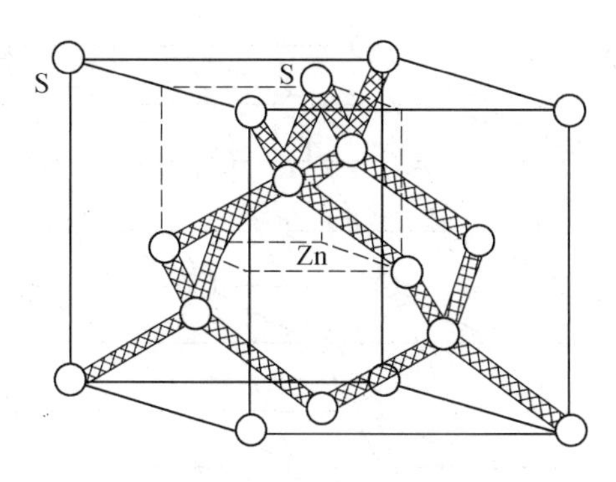

图 3.24　闪锌矿结构

例 3.2　已知氯化钠（NaCl）是立方晶体，其相对分子质量为 58.46，在室温下的密度是 $2.167\times10^3\ \text{kg}\cdot\text{m}^{-3}$，试计算氯化钠结构的点阵常数。

解　固体密度 $\rho=Zm/V$，体积 V 是晶胞体积，Z 是晶胞中的分子数，m 为分子的质量。对于氯化钠结构，取立方惯用晶胞，晶胞体积 $V=a^3$，每个立方惯用晶胞有 4 个

氯化钠分子，故 $Z=4$。每个分子的质量 m 为

$$m=58.46\times10^{-3}\,\text{kg/mol}\times\frac{1\ \text{mol}}{6.02\times10^{23}}=9.7\times10^{-26}\ \text{kg}$$

于是得到

$$a^{3}=\frac{Zm}{\rho}=\frac{4\times9.7\times10^{-26}\ \text{kg}}{2.167\times10^{3}\ \text{kg}\cdot\text{m}^{-3}}=17.9\times10^{-29}\ \text{m}^{3}$$

$$a=5.63\times10^{-10}(\text{m})=0.563(\text{nm})$$

3.4 晶列指数和晶面指数

3.4.1 晶列指数

通过任意两格点作一直线，这一直线称为晶列。晶列最突出的特点是晶列上的格点具有一定的周期。如果一平行直线族把格点全包括在内，且每一直线上都有格点，则称这些直线为同一族晶列。这些直线上格点的周期都相同，因此，一族晶列的特征为：一是取向；二是晶列格点的周期。在一个平面内，相邻晶列之间的距离必定相等。

如图3.25所示，$\overrightarrow{OA}$ 可以写为

$$\overrightarrow{OA}=l'\boldsymbol{a}+m'\boldsymbol{b}+n'\boldsymbol{c} \tag{3.9}$$

式中 $\boldsymbol{a}$、$\boldsymbol{b}$、$\boldsymbol{c}$——晶胞基矢。

$$l:m:n=l':m':n' \tag{3.10}$$

式中 l、m、n——互质的整数。

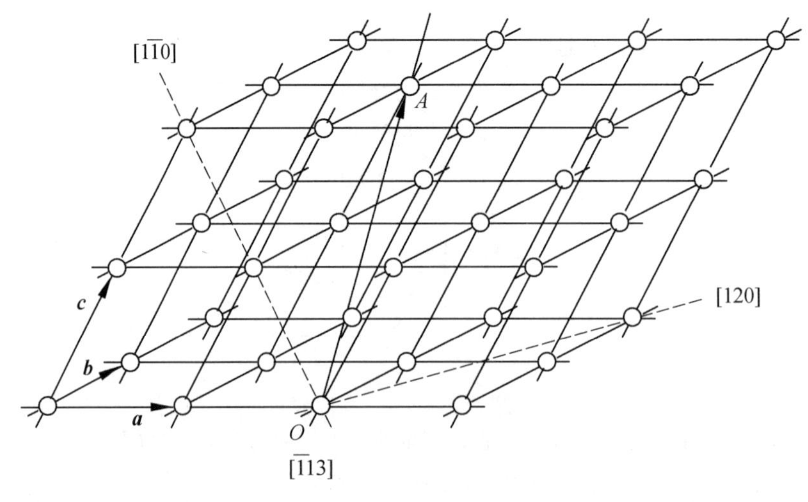

图3.25 晶列指数示意图

则这一束直线的方向就可以将 l、m、n 表示为[$l\ m\ n$]。图 3.25 中给出了一些典型的晶体中的取向。

上述方法也适用于原胞基矢坐标系。图 3.26 所示为立方晶系的晶列指数。

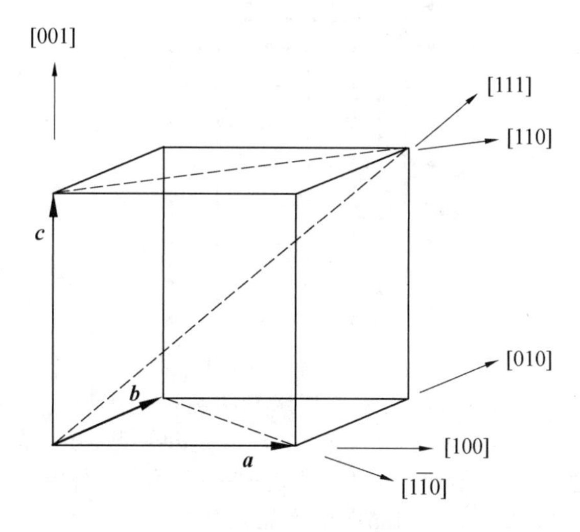

图 3.26 立方晶系的晶列指数

值得注意的是,[$m\ n\ p$] 代表一族晶列,而不是一特定的晶列;晶体具有对称性,由对称性联系的那些晶向只是方向不同,周期却是相同的,因此是等效的。可以用 $\langle l_1, l_2, l_3\rangle$ 表示点阵中一组对称的晶向。图 3.27 所示为立方晶体的一组⟨111⟩晶向。

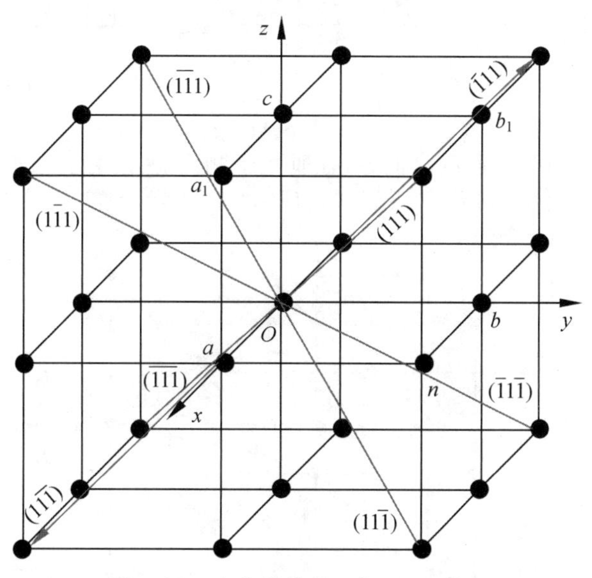

图 3.27 立方晶体的一组⟨111⟩晶向

3.4.2 晶面指数

如图 3.28 所示,可以想象,所有的格点都分布在相互平行的一平面族上,每一平面都有格点分布，这样的平面为晶面。

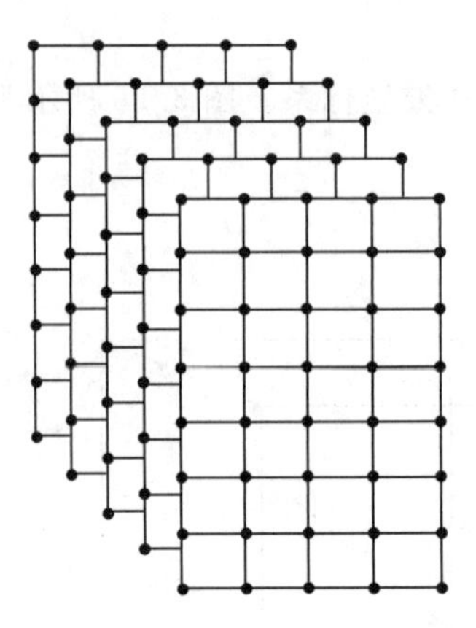

图 3.28 晶面示意图

原子所在的平面称为晶面，晶面方位用米勒指数标记。设某一原子面在基矢 $\boldsymbol{a}$、$\boldsymbol{b}$、$\boldsymbol{c}$ 方向的截距为 $\boldsymbol{r}_a$、$\boldsymbol{s}_b$、$\boldsymbol{t}_c$，且 $\boldsymbol{r}_a=r\boldsymbol{a}$，$\boldsymbol{s}_b=s\boldsymbol{b}$，$\boldsymbol{t}_c=t\boldsymbol{c}$，将系数 r、s、t 的倒数简约成互质的整数 h、k、l，并用圆括号包括成 $(h\ k\ l)$，就是这一晶面的米勒指数。图 3.29 所示为立方晶体中几个最为常见而重要的晶面的米勒指数。

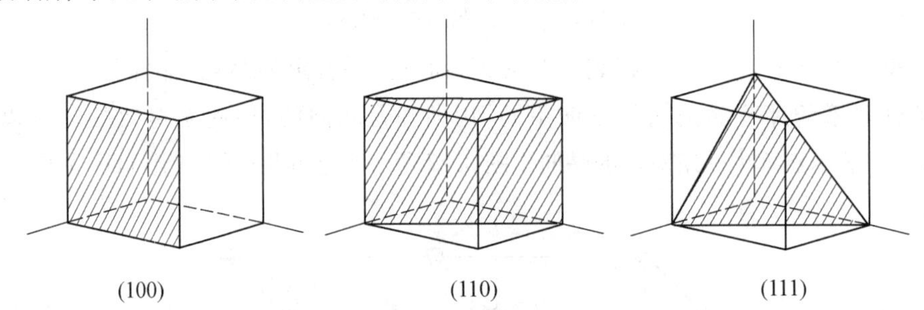

图 3.29 立方晶体中晶面族的米勒指数

同一晶体中面间距相同的晶面族，在垂直于晶面的方向上，宏观性质相同，常称它们为同族晶面族，如图 3.30 所示。晶面族可以用“{}”表示，如{111}，如图 3.31 所示。

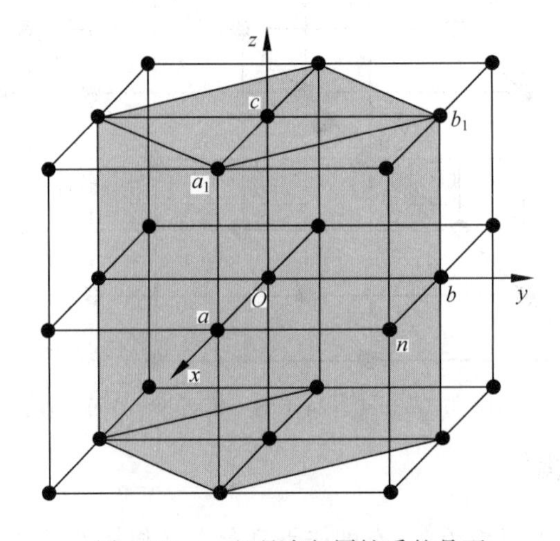

图 3.30 一组具有相同性质的晶面

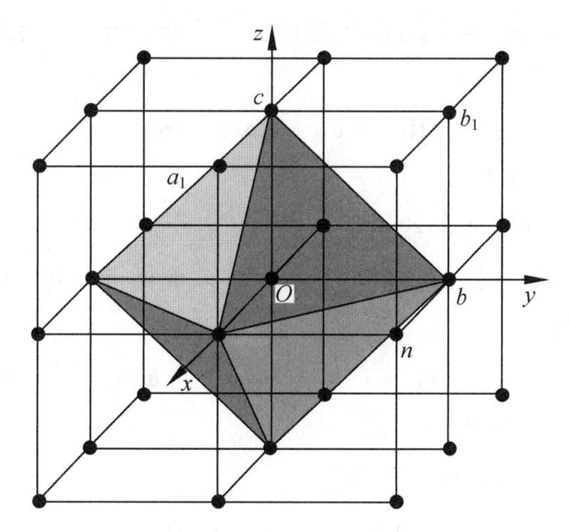

图 3.31 {111} 晶面族

图 3.32 所示为几个晶面族典型的例子。

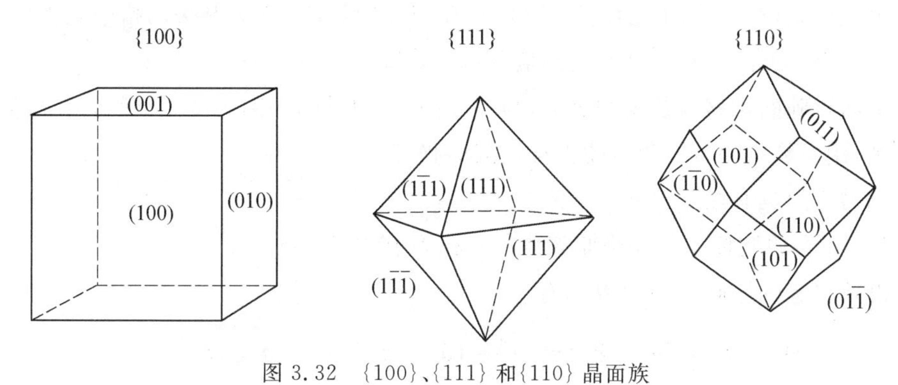

图 3.32 {100}、{111} 和{110} 晶面族

3.5 倒格空间与布里渊区

3.5.1 倒格空间

晶体的几何形状形成一空间的点阵,空间的点阵可以由原胞的 3 个基矢 $\boldsymbol{a}_1$、$\boldsymbol{a}_2$、$\boldsymbol{a}_3$ 构建的坐标空间描述;并且原胞的体积等于

$$\Omega = \boldsymbol{a}_1 \cdot (\boldsymbol{a}_2 \times \boldsymbol{a}_3)$$

用正格基矢来构造倒格基矢,有

$$\begin{cases} \boldsymbol{b}_1 = \dfrac{2\pi[\boldsymbol{a}_2 \times \boldsymbol{a}_3]}{\Omega} \\ \boldsymbol{b}_2 = \dfrac{2\pi[\boldsymbol{a}_3 \times \boldsymbol{a}_1]}{\Omega} \\ \boldsymbol{b}_3 = \dfrac{2\pi[\boldsymbol{a}_1 \times \boldsymbol{a}_2]}{\Omega} \end{cases} \tag{3.11}$$

用正格基矢 $\boldsymbol{a}_1$、$\boldsymbol{a}_2$、$\boldsymbol{a}_3$ 构造的点阵为正点阵或正格子。正格子空间格点的位矢可以表示为

$$\boldsymbol{R}_l = l_1\boldsymbol{a}_1 + l_2\boldsymbol{a}_2 + l_3\boldsymbol{a}_3 \tag{3.12}$$

式中 l_1、l_2 和 l_3—— 整数。

式(3.12)是正格子基矢的线性组合。

用 $\boldsymbol{b}_1$、$\boldsymbol{b}_2$ 和 $\boldsymbol{b}_3$ 构建一个新的点阵为倒易点阵(倒格子空间)，$\boldsymbol{b}_1$、$\boldsymbol{b}_2$ 和 $\boldsymbol{b}_3$ 为基矢。倒易空间中的位矢为

$$\boldsymbol{G}_h = h_1\boldsymbol{b}_1 + h_2\boldsymbol{b}_2 + h_3\boldsymbol{b}_3 \tag{3.13}$$

式中 h_1、h_2 和 h_3—— 整数。

正格子和倒格子基矢之间的关系为

$$\begin{cases}\boldsymbol{a}_i \cdot \boldsymbol{b}_j = 2\pi & (i=j)\\ \boldsymbol{a}_i \cdot \boldsymbol{b}_j = 0 & (i\neq j)\end{cases} \tag{3.14}$$

可见以 $\boldsymbol{a}_i(i=1,2,3)$ 为基矢的格子和以 $\boldsymbol{b}_j(j=1,2,3)$ 为基矢的格子互为正、倒格子。每个正点阵都有一个与之相应的倒易点阵。

倒易点阵的量纲为长度的倒数，与波矢的量纲相同，实际为波矢空间。在后面可以看到，用倒易空间可以很方便地描述波的状态。

倒易空间具有如下性质：

(1) 正格原胞体积与倒格原胞体积之积等于$(2\pi)^3$。

设倒格胞的原胞体积为 Ω^*，有

$$\Omega^* = \boldsymbol{b}_1 \cdot [\boldsymbol{b}_2 \times \boldsymbol{b}_3] = \frac{(2\pi)^3}{\Omega^3}[\boldsymbol{a}_2 \times \boldsymbol{a}_3][\boldsymbol{a}_3 \times \boldsymbol{a}_1][\boldsymbol{a}_1 \times \boldsymbol{a}_2] \tag{3.15}$$

又有

$$A\times(B\times C) = (A\cdot C)B - (A\cdot B)C \tag{3.16}$$

$$[\boldsymbol{a}_3 \times \boldsymbol{a}_1]\times[\boldsymbol{a}_1 \times \boldsymbol{a}_2] = \Omega\boldsymbol{a}_1 \tag{3.17}$$

得

$$\Omega^* = \frac{(2\pi)^3}{\Omega^3}[\boldsymbol{a}_2 \times \boldsymbol{a}_3]\cdot\Omega\boldsymbol{a}_1 = \frac{(2\pi)^3}{\Omega} \tag{3.18}$$

(2) 正格子与倒格子互为对方的倒格子。

取用倒格子，按照定义求倒格子的倒格基矢：

$$\boldsymbol{b}_1^* = \frac{2\pi[\boldsymbol{b}_2 \times \boldsymbol{b}_3]}{\Omega^*} \tag{3.19}$$

而

$$\boldsymbol{b}_2 = \frac{2\pi[\boldsymbol{a}_3 \times \boldsymbol{a}_1]}{\Omega} \tag{3.20}$$

$$\boldsymbol{b}_3 = \frac{2\pi[\boldsymbol{a}_1 \times \boldsymbol{a}_2]}{\Omega} \tag{3.21}$$

得到

$$[\boldsymbol{b}_2 \times \boldsymbol{b}_3] = \frac{2\pi[\boldsymbol{a}_3 \times \boldsymbol{a}_1]}{\Omega} \times \frac{2\pi[\boldsymbol{a}_1 \times \boldsymbol{a}_2]}{\Omega} = \frac{(2\pi)^3}{\Omega^3}[\boldsymbol{a}_3 \times \boldsymbol{a}_1] \times [\boldsymbol{a}_1 \times \boldsymbol{a}_2]$$

而

$$[\boldsymbol{a}_3 \times \boldsymbol{a}_1] \times [\boldsymbol{a}_1 \times \boldsymbol{a}_2] = \Omega \boldsymbol{a}_1 \tag{3.22}$$

则有

$$\boldsymbol{b}_1^* = \frac{2\pi[\boldsymbol{b}_2 \times \boldsymbol{b}_3]}{\Omega^*} = \boldsymbol{a}_1 \tag{3.23}$$

同理得到

$$\begin{cases} \boldsymbol{b}_1^* = \boldsymbol{a}_1 \\ \boldsymbol{b}_2^* = \boldsymbol{a}_2 \\ \boldsymbol{b}_3^* = \boldsymbol{a}_3 \end{cases} \tag{3.24}$$

(3) 倒格矢 $\boldsymbol{G}_h = h_1\boldsymbol{b}_1 + h_2\boldsymbol{b}_2 + h_3\boldsymbol{b}_3$ 与正格子晶面族(h_1, h_2, h_3)正交。

设 ABC 为离原点最近的平面，如图 3.33 所示，有

$$\boldsymbol{G}_h \cdot \overrightarrow{AC} = (h_1\boldsymbol{b}_1 + h_2\boldsymbol{b}_2 + h_3\boldsymbol{b}_3)\left(\frac{\boldsymbol{a}_3}{h_3} - \frac{\boldsymbol{a}_1}{h_1}\right) = 2\pi - 2\pi = 0 \tag{3.25}$$

又

$$\boldsymbol{G}_h \cdot \overrightarrow{AB} = (h_1\boldsymbol{b}_1 + h_2\boldsymbol{b}_2 + h_3\boldsymbol{b}_3)\left(\frac{\boldsymbol{a}_2}{h_2} - \frac{\boldsymbol{a}_1}{h_1}\right) = 2\pi - 2\pi = 0 \tag{3.26}$$

则 $\boldsymbol{G}_h$ 与平面 ABC 正交，即与晶面族(h_1, h_2, h_3)正交。

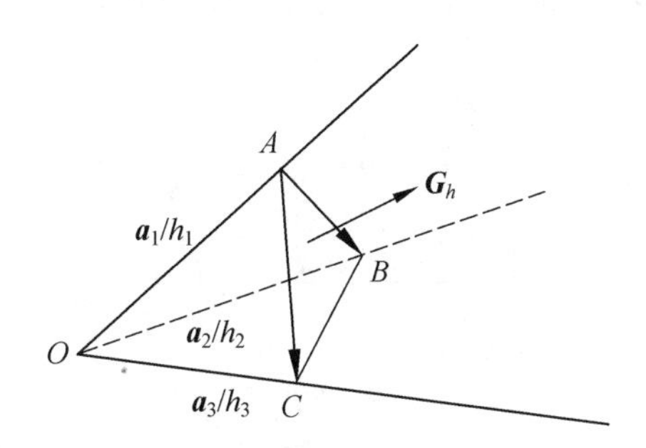

图 3.33 离原点最近的平面

(4)$\boldsymbol{G}_h = h_1\boldsymbol{b}_1 + h_2\boldsymbol{b}_2 + h_3\boldsymbol{b}_3$ 与正格子晶面族(h_1, h_2, h_3)的面间距成反比。

设 $d_{h_1h_2h_3}$ 为晶面族(h_1, h_2, h_3)的面间距，如图 3.33 所示。

$$d_{h_1h_2h_3} = \frac{\boldsymbol{a}_1}{h_1} \cdot \frac{\boldsymbol{G}_h}{|\boldsymbol{G}_h|} = \frac{\boldsymbol{a}_1 \cdot (h_1\boldsymbol{b}_1 + h_2\boldsymbol{b}_2 + h_3\boldsymbol{b}_3)}{h_1|\boldsymbol{G}_h|} = \frac{2\pi}{|\boldsymbol{G}_h|} \tag{3.27}$$

可见，倒易格矢的方向代表了同名晶面的法线方向，其矢量大小与面间距成反比。知道 $\boldsymbol{G}_h$ 也就知道了(h_1, h_2, h_3)晶面族的法线方向和面间距。

例 3.3 一个单胞的尺寸为 $\boldsymbol{a}_1=4$ Å①，$\boldsymbol{a}_2=6$ Å，$\boldsymbol{a}_3=8$ Å，$\alpha=\beta=90°$，$\gamma=120°$，试求：

(1) 倒易点阵单胞基矢；

(2) 倒易点阵单胞体积；

(3)(210) 平面的面间距。

解 (1) 画出原胞如图 3.34 所示。

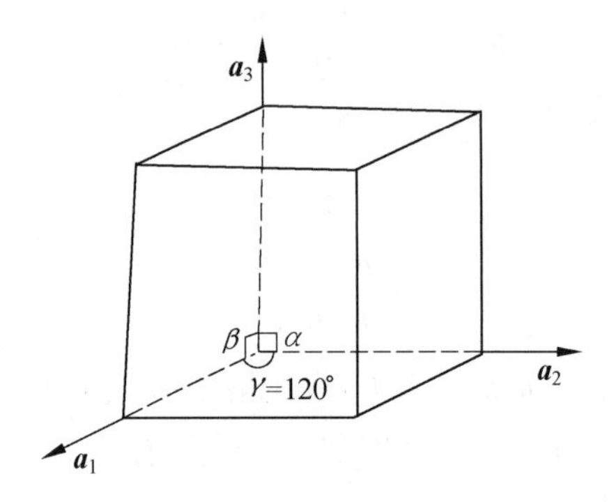

图 3.34 例 3.3 原胞图

晶体点阵原胞基矢为

$$\boldsymbol{a}_1=4\boldsymbol{i},\quad \boldsymbol{a}_2=-3\boldsymbol{i}+3\sqrt{3}\boldsymbol{j},\quad \boldsymbol{a}_3=8\boldsymbol{k}$$

晶体点阵的原胞体积为

$$V_c=\boldsymbol{a}_1\cdot(\boldsymbol{a}_2\times\boldsymbol{a}_3)=a_1a_2a_3\sin 120°=93\sqrt{3}\text{ Å}^3$$

倒易点阵原胞基矢为

$$\boldsymbol{b}_1=\frac{2\pi}{V_c}\boldsymbol{a}_2\times\boldsymbol{a}_3=\frac{\pi}{2}\left(\boldsymbol{i}+\frac{1}{\sqrt{3}}\boldsymbol{j}\right)$$

$$\boldsymbol{b}_2=\frac{2\pi}{V_c}\boldsymbol{a}_3\times\boldsymbol{a}_1=\frac{2\pi}{3\sqrt{3}}\boldsymbol{j}$$

$$\boldsymbol{b}_3=\frac{2\pi}{V_c}\boldsymbol{a}_1\times\boldsymbol{a}_2=\frac{\pi}{4}\boldsymbol{k}$$

(2) 倒易点阵原胞体积为

$$\Omega=\boldsymbol{b}_1\cdot(\boldsymbol{b}_2\times\boldsymbol{b}_3)=\frac{(2\pi)^3}{V_c}=\frac{\pi^3}{12\sqrt{3}}\text{Å}^{-3}$$

(3) 与晶面(hkl)垂直的最短倒易点阵矢量 $\boldsymbol{G}(hkl)$ 为

$$\boldsymbol{G}(hkl)=h\boldsymbol{b}_1+k\boldsymbol{b}_2+l\boldsymbol{b}_3=h\left(\frac{\pi}{2}\right)\boldsymbol{i}+\left(h\,\frac{2\pi}{2\sqrt{3}}+k\,\frac{2\pi}{3\sqrt{3}}\right)\boldsymbol{j}+l\left(\frac{\pi}{4}\right)\boldsymbol{k}$$

① 1 Å = 0.1 nm。

$$G(hkl)=\pi \boldsymbol{i}+\left(\frac{\pi}{\sqrt{3}}+\frac{2\pi}{3\sqrt{3}}\right)\boldsymbol{j}=\pi \boldsymbol{i}+\frac{5\pi}{3\sqrt{3}}\boldsymbol{j}$$

$$|\boldsymbol{G}(210)|=\left|\pi^2+\left(\frac{5\pi}{3\sqrt{3}}\right)^2\right|^{\frac{1}{2}}=\pi\sqrt{\frac{52}{27}}\,\text{Å}^{-1}$$

$$d(210)=\frac{2\pi}{|\boldsymbol{G}(210)|}=\frac{2\pi}{\pi\sqrt{\frac{52}{27}}}=\frac{3\sqrt{3}}{\sqrt{13}}\,\text{Å}$$

3.5.2 布里渊区

在倒格空间中以任意一个倒格点为原点,作原点和其他所有倒格点连线的中垂面(或中垂线),这些中垂面(或中垂线)将倒格空间分割成许多区域,这些区域称为布里渊区。第一布里渊区(简约布里渊区)为围绕原点的最小闭合区域。第 $n+1$ 布里渊区为从原点出发经过 n 个中垂面(或中垂线)才能到达的区域(n 为正整数)。

对于已知的晶体结构,如何画布里渊区呢? 可按图 3.35 所示步骤进行。下面通过几个具体的例子学习布里渊区的概念。

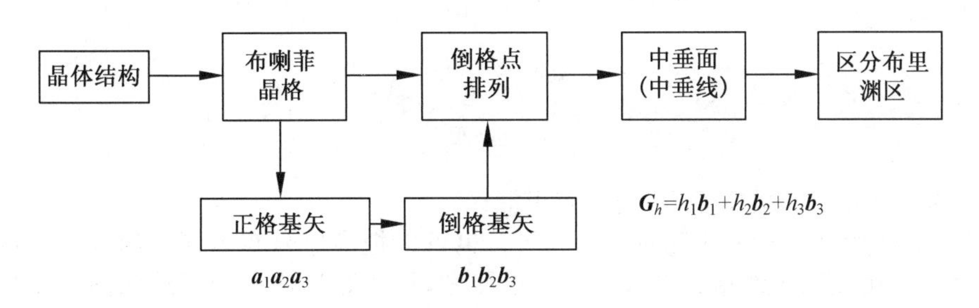

图 3.35 求解布里渊区的步骤

例 3.4 图 3.36 所示为一个二维晶体结构图,画出它的第一、第二、第三布里渊区。

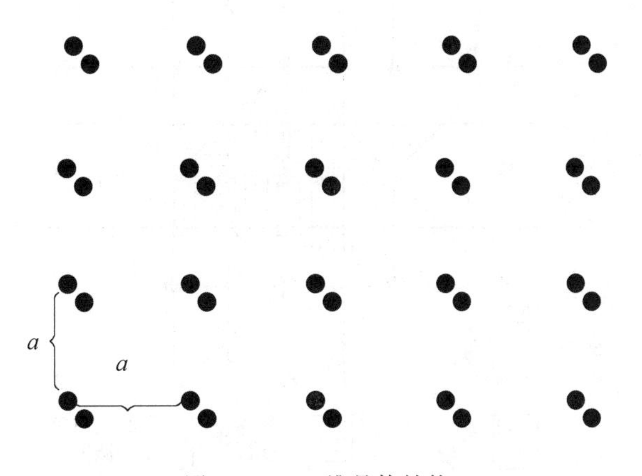

图 3.36 二维晶体结构

解 (1) 首先将晶体结构变为布喇菲晶胞，如图 3.37 所示。

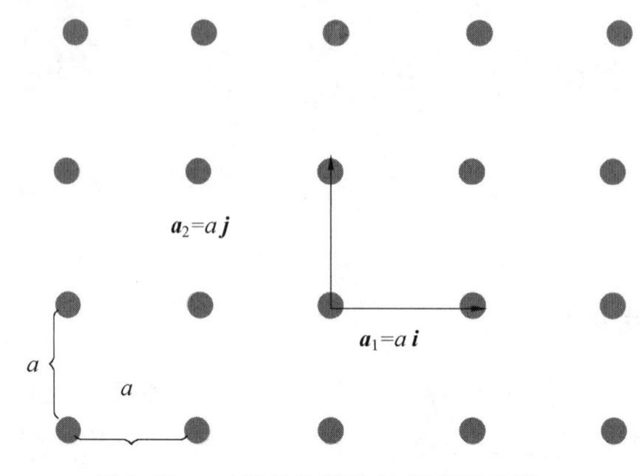

图 3.37 二维晶体结构的布喇菲晶胞

(2) 建立倒格点阵，对于本题有

$$\begin{cases} \boldsymbol{a}_1 = a\boldsymbol{i} \\ \boldsymbol{a}_2 = a\boldsymbol{j} \end{cases}$$

利用

$$\boldsymbol{a}_i \cdot \boldsymbol{b}_j = 2\pi\delta_{ij} = \begin{cases} 2\pi & (i=j) \\ 0 & (i \neq j) \end{cases}$$

得到

$$\begin{cases} \boldsymbol{b}_1 = \dfrac{2\pi}{a}\boldsymbol{i} \\ \boldsymbol{b}_2 = \dfrac{2\pi}{a}\boldsymbol{j} \end{cases}$$

(3) 作倒格点阵的中垂面，划分布里渊区。

图 3.38 所示为布里渊区的扩展区图。也可以把高序号布里渊区的各个分散的碎片平移一个或几个倒格矢进入一个布里渊区，形成布里渊区的简约区图。布里渊区的简约区图如图 3.39 所示。

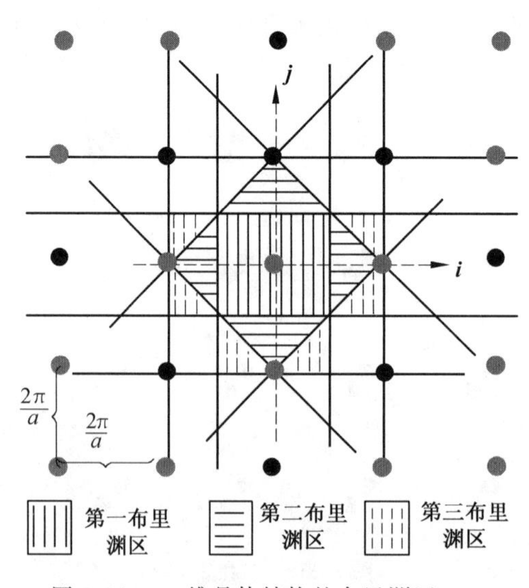

图 3.38 二维晶体结构的布里渊区

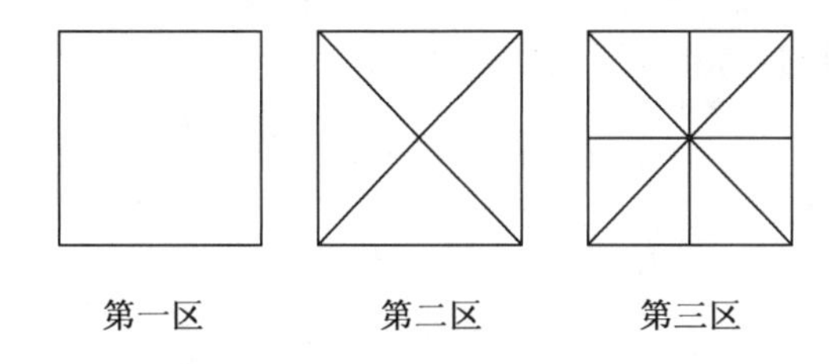

图 3.39　布里渊区的简约区图

还可以发现每一个布里渊区的面积等于倒格原胞的面积。更多的布里渊区和简约区如图 3.40 所示。

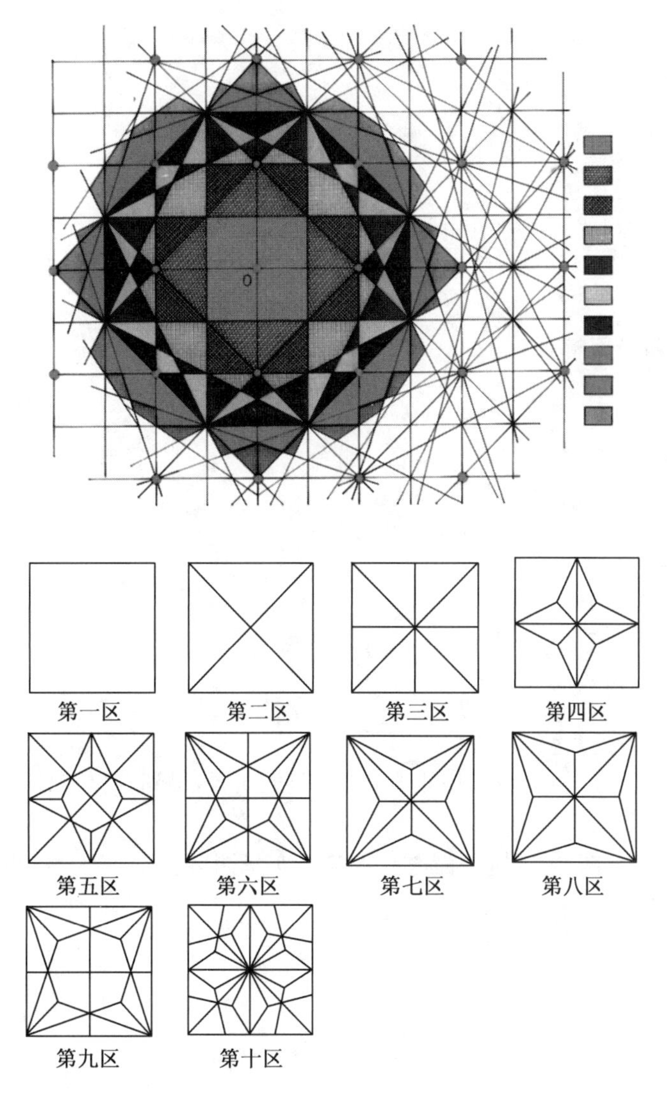

图 3.40　更多的布里渊区和简约区图

例 3.5 画出下面二维矩形格子(图 3.41)的第一和第二布里渊区的扩展区图和简约区图,设矩形边长分别为 a,b 。

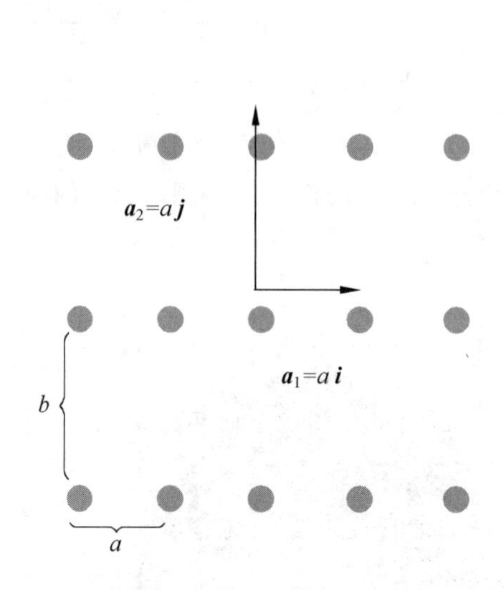

图 3.41 二维矩形格子

解 正晶格矢量有

$$\begin{cases}\boldsymbol{a}_1=a\boldsymbol{i}\\ \boldsymbol{a}_2=b\boldsymbol{j}\end{cases}$$

根据

$$\boldsymbol{a}_i\cdot\boldsymbol{b}_j=2\pi\delta_{ij}=\begin{cases}2\pi & (i=j)\\ 0 & (i\neq j)\end{cases}$$

求得倒晶格矢量

$$\begin{cases}\boldsymbol{b}_1=\dfrac{2\pi}{a}\boldsymbol{i}\\ \boldsymbol{b}_2=\dfrac{2\pi}{a}\boldsymbol{j}\end{cases}$$

在倒晶格里作倒格点阵的中垂面,划分布里渊区,得到布里渊区图,如图 3.42 所示。

例 3.6 画出图 3.43 所示面心立方第一布里渊区。设面心立方晶格常量为 a。

解 面心立方正格基矢为

$$\begin{cases}\boldsymbol{a}_1=\dfrac{a}{2}(\boldsymbol{j}+\boldsymbol{k})\\ \boldsymbol{a}_2=\dfrac{a}{2}(\boldsymbol{i}+\boldsymbol{k})\\ \boldsymbol{a}_3=\dfrac{a}{2}(\boldsymbol{i}+\boldsymbol{j})\end{cases}$$

体积为

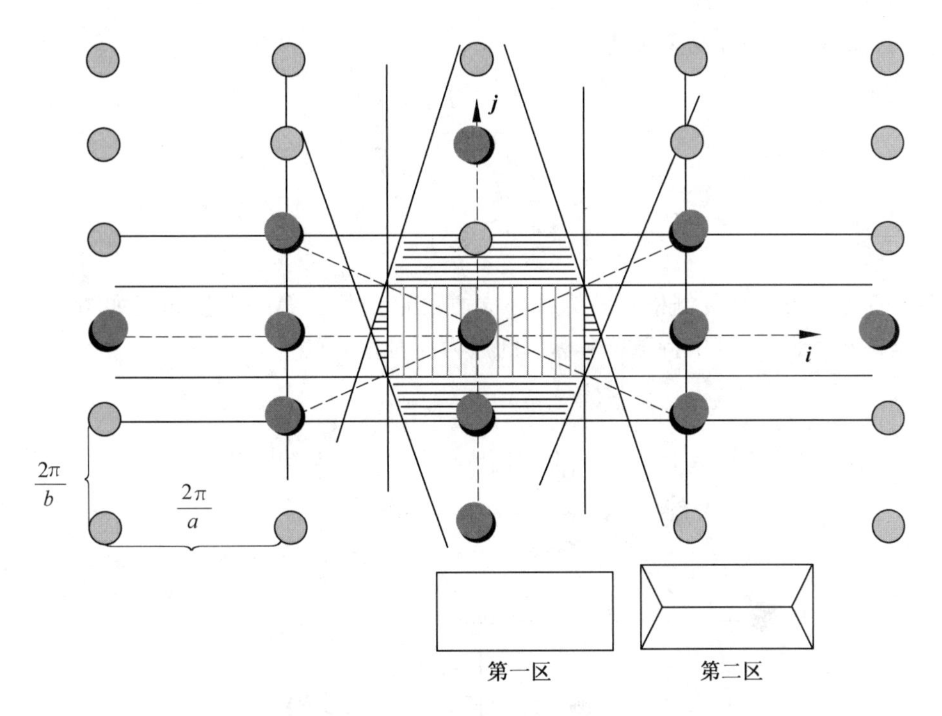

图 3.42 二维矩形格子

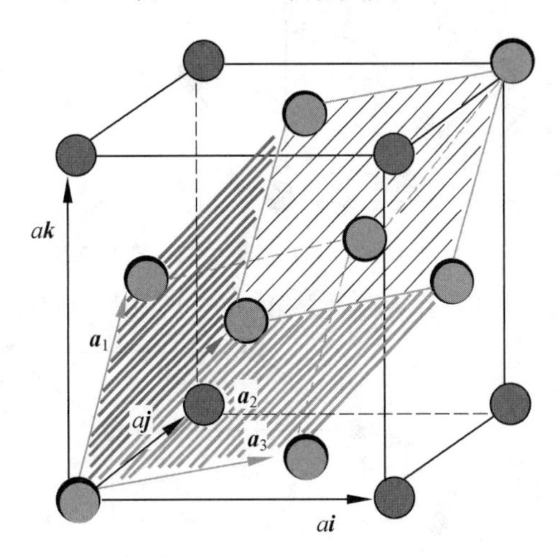

图 3.43 面心立方晶格结构

$$\Omega = \boldsymbol{a}_1 \cdot (\boldsymbol{a}_2 \times \boldsymbol{a}_3) = \frac{1}{4}a^3$$

倒格基矢为

$$\begin{cases} \boldsymbol{b}_1 = \dfrac{2\pi}{\Omega}(\boldsymbol{a}_2 \times \boldsymbol{a}_3) = \dfrac{2\pi}{a}(-\boldsymbol{i}+\boldsymbol{j}+\boldsymbol{k}) \\ \boldsymbol{b}_2 = \dfrac{2\pi}{\Omega}(\boldsymbol{a}_3 \times \boldsymbol{a}_1) = \dfrac{2\pi}{a}(\boldsymbol{i}-\boldsymbol{j}+\boldsymbol{k}) \\ \boldsymbol{b}_3 = \dfrac{2\pi}{\Omega}(\boldsymbol{a}_1 \times \boldsymbol{a}_2) = \dfrac{2\pi}{a}(\boldsymbol{i}+\boldsymbol{j}-\boldsymbol{k}) \end{cases}$$

已知体心立方正格基矢为

$$\begin{cases} \boldsymbol{a}_1 = \dfrac{a}{2}(-\boldsymbol{i}+\boldsymbol{j}+\boldsymbol{k}) \\ \boldsymbol{a}_2 = \dfrac{a}{2}(\boldsymbol{i}-\boldsymbol{j}+\boldsymbol{k}) \\ \boldsymbol{a}_3 = \dfrac{a}{2}(\boldsymbol{i}+\boldsymbol{j}-\boldsymbol{k}) \end{cases}$$

可见,面心立方晶格的倒格点阵为体心立方晶格结构。第一布里渊区如图 3.44 所示,是截角八面体,其中特殊符号标记的点为高对称的点。

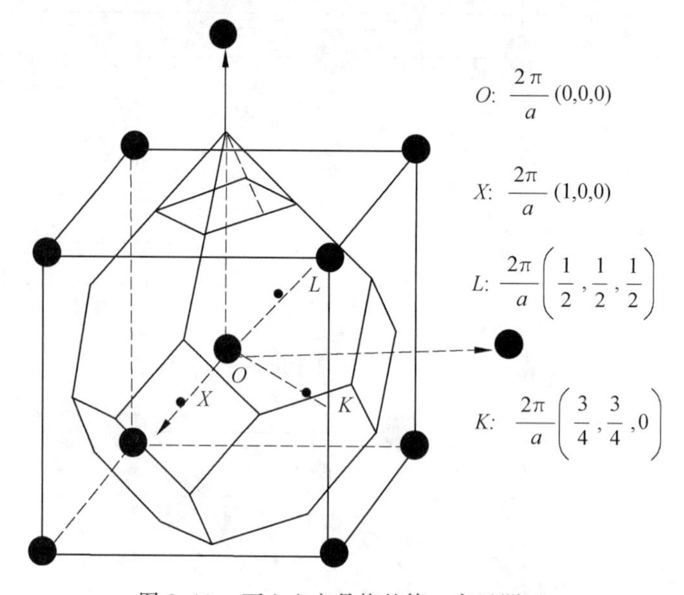

图 3.44 面心立方晶格的第一布里渊区

例 3.7 画出图 3.45 所示体心立方第一布里渊区。设体心立方晶格常量为 a。

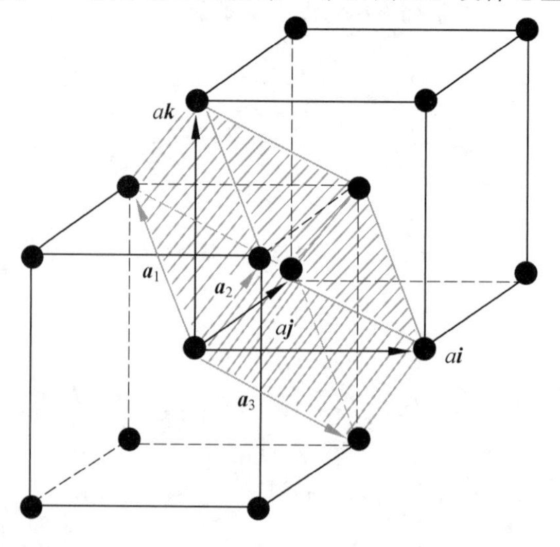

图 3.45 体心立方结构

解 体心立方晶胞的正格基矢为

$$\begin{cases} \boldsymbol{a}_1 = \dfrac{a}{2}(-\boldsymbol{i}+\boldsymbol{j}+\boldsymbol{k}) \\ \boldsymbol{a}_2 = \dfrac{a}{2}(\boldsymbol{i}-\boldsymbol{j}+\boldsymbol{k}) \\ \boldsymbol{a}_3 = \dfrac{a}{2}(\boldsymbol{i}+\boldsymbol{j}-\boldsymbol{k}) \end{cases}$$

体积为

$$\Omega = \boldsymbol{a}_1 \cdot (\boldsymbol{a}_2 \times \boldsymbol{a}_3) = \frac{1}{2}a^3$$

倒格基矢为

$$\begin{cases} \boldsymbol{b}_1 = \dfrac{2\pi}{\Omega}(\boldsymbol{a}_2 \times \boldsymbol{a}_3) = \dfrac{2\pi}{a}(\boldsymbol{j}+\boldsymbol{k}) \\ \boldsymbol{b}_2 = \dfrac{2\pi}{\Omega}(\boldsymbol{a}_3 \times \boldsymbol{a}_1) = \dfrac{2\pi}{a}(\boldsymbol{i}+\boldsymbol{k}) \\ \boldsymbol{b}_3 = \dfrac{2\pi}{\Omega}(\boldsymbol{a}_1 \times \boldsymbol{a}_2) = \dfrac{2\pi}{a}(\boldsymbol{i}+\boldsymbol{j}) \end{cases}$$

已知面心立方正格基矢为

$$\begin{cases} \boldsymbol{a}_1 = \dfrac{a}{2}(\boldsymbol{j}+\boldsymbol{k}) \\ \boldsymbol{a}_2 = \dfrac{a}{2}(\boldsymbol{i}+\boldsymbol{k}) \\ \boldsymbol{a}_3 = \dfrac{a}{2}(\boldsymbol{i}+\boldsymbol{j}) \end{cases}$$

可见,体心立方倒晶格是边长为 $4\pi/a$ 的面心立方晶格。第一布里渊区如图 3.46 所示,是棱形十二面体。

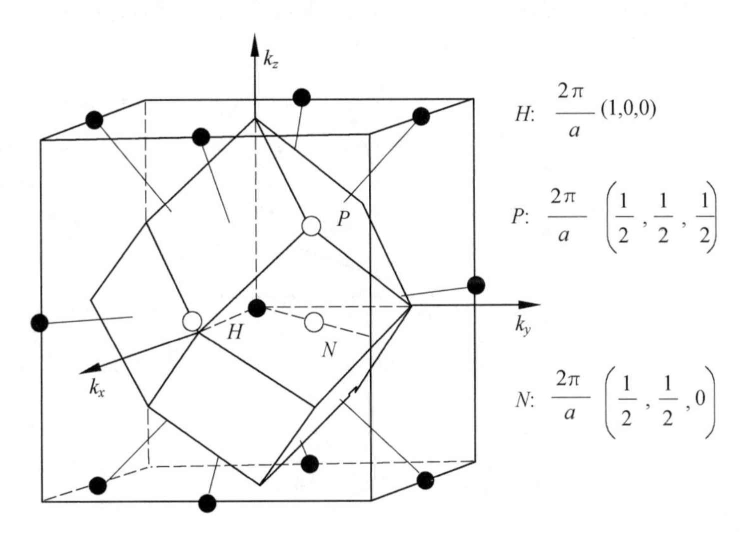

图 3.46 体心立方晶格的第一布里渊区

可见,布里渊区的形状由晶体结构的布喇菲晶格决定;布里渊区的体积(或面积)等于倒格原胞的体积(或面积)。

3.6 晶体的对称性及晶格结构的分类

晶体具有自限性,外形上的晶面呈现对称分布。晶体外形上的这种对称性是晶体内在结构规律性的体现。早期人们对内在结构规律推断,就是首先从研究晶体的外形入手。

例如,对于石英晶体,绕其光轴(c 轴)每转 120°,晶体就自身重合。这说明,在垂直于 c 轴的平面内,相隔 120° 方向上的晶格周期性是相同的,表现在宏观性质上,每隔 120° 方向上的物理性质是一样的。即在垂直于 c 轴平面内,石英晶体是三重对称的。

如何研究晶体的对称性?人们发现采用像转动这样的变换研究晶体的对称性是行之有效的。一个晶体在某一变换后晶格在空间的分布保持不变,这一操作称为对称操作。为了描述晶体的对称性,必须找出全部的操作。对称操作的数目越多,晶体的对称性越高。由于受到晶体周期性的影响,晶体的对称类型是由少数基本的对称操作组合而成。对称操作所依赖的元素称为对称元素,主要指晶体的几何元素,如点(对称中心、反演中心)、线(旋转轴、旋转反演轴)和面(对称面、镜面)。

在研究晶体结构时,人们视晶体为刚体。在对称操作过程中,晶体中两点间的距离不变,数学上称这种变换为正交变换。在研究晶体的对称性时有三种正交变换。

3.6.1 三种正交变换

1. 转动

如图 3.47 所示,晶体绕 x 轴旋转 θ 角,则晶体中的点(x,y,z) 转换为(x',y',z')。

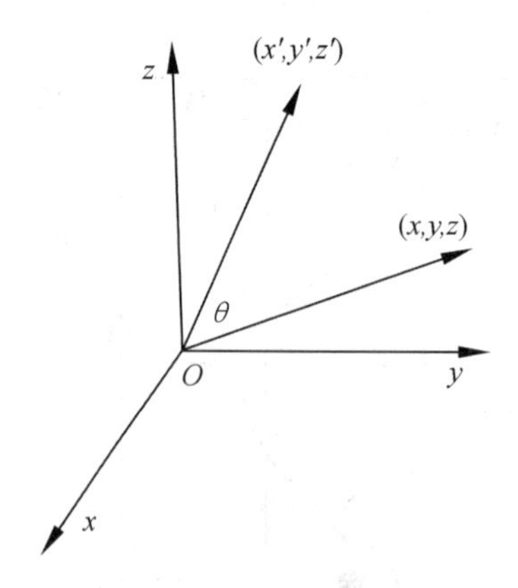

图 3.47 刚性图形的转动

变换关系用矩阵表示,有

$$\begin{bmatrix} x' \\ y' \\ z' \end{bmatrix} = \begin{bmatrix} 1 & 0 & 0 \\ 0 & \cos\theta & -\sin\theta \\ 0 & \sin\theta & \cos\theta \end{bmatrix} \begin{bmatrix} x \\ y \\ z \end{bmatrix} \tag{3.28}$$

式中 $\mathbf{A}$—— 操作矩阵,代表转动。

$$\mathbf{A} = \begin{bmatrix} 1 & 0 & 0 \\ 0 & \cos\theta & -\sin\theta \\ 0 & \sin\theta & \cos\theta \end{bmatrix} \tag{3.29}$$

2. **中心反演**

取中心为原点,将任一点(x,y,z)转换为$(-x,-y,-z)$的变换为中心反演。矩阵表示式为

$$\begin{bmatrix} -x \\ -y \\ -z \end{bmatrix} = \begin{bmatrix} -1 & 0 & 0 \\ 0 & -1 & 0 \\ 0 & 0 & -1 \end{bmatrix} \begin{bmatrix} x \\ y \\ z \end{bmatrix} \tag{3.30}$$

变换矩阵 $\mathbf{A}$ 为

$$\mathbf{A} = \begin{bmatrix} -1 & 0 & 0 \\ 0 & -1 & 0 \\ 0 & 0 & -1 \end{bmatrix} \tag{3.31}$$

3. **镜像**

以 $x=0$ 的平面为镜,将任一点(x,y,z)变换为$(-x,y,z)$,称为镜像变换。

变换矩阵为

$$\mathbf{A} = \begin{bmatrix} 1 & 0 & 0 \\ 0 & 1 & 0 \\ 0 & 0 & -1 \end{bmatrix} \tag{3.32}$$

很容易证明,以上三种变换为正交变换。

3.6.2 晶体的基本对称操作

1. ***n* 度旋转对称轴**

晶体绕某轴旋转角度 $2\pi/n$ 及其整数倍后能与自身重合,称该轴为 n 度旋转轴。利用晶体周期性的限制,可以证明 n 只能取 1、2、3、4、6,即晶体只能有 1 度、2 度、3 度、4 度和 6 度这五种旋转对称轴存在,不具有 5 度或 6 度以上的旋转轴。2 度、3 度、4 度和 6 度旋转可分别用数字 2、3、4 及 6 或符号⬬、▼、▰及⬣代表,见表 3.4。典型的对称轴如图 3.48 所示。

表 3.4 对称轴数与相应的图形符号

n	2	3	4	6
符号	⬬	▼	▰	⬣

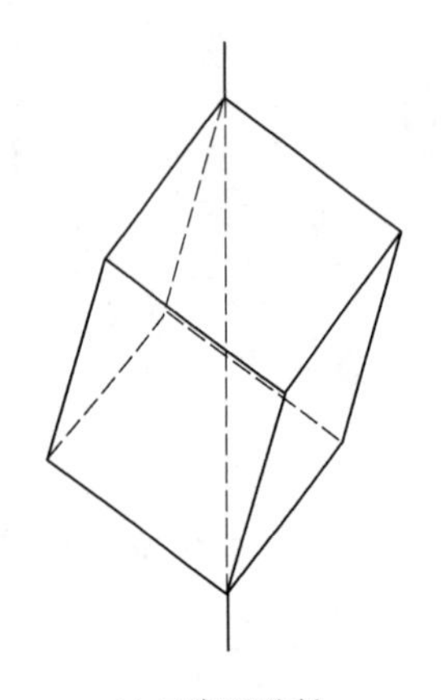

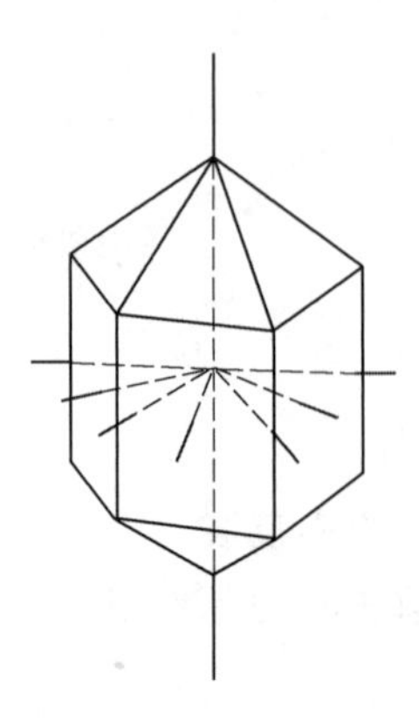

(a) 三度对称轴 (b) 二度、三度和四度对称轴 (c) 二度和六度对称轴

图 3.48 晶体的对称性

以立方体为例,立方体有6个2度轴、4个3度轴与3个4度轴,均通过立方体的中心,如图3.49所示。

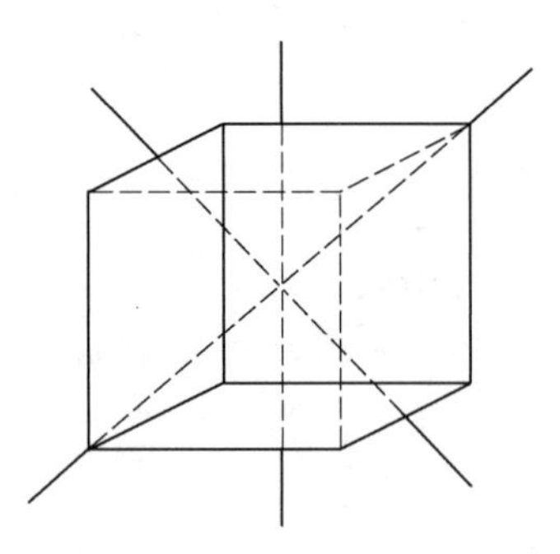

图 3.49 立方体的对称轴

2. 中心反演

取原心为中心,将任一点(x,y,z)转换为$(-x,-y,-z)$的变换,称为中心反演操作,常用i表示。中心反演的对称元素是一个点。

3. n 度旋转反演轴

旋转与中心反演的结合也可以是晶体的对称操作,称为n度旋转反演对称。由于周期性制约,同样也只能有2度、3度、4度或6度旋转反演轴,分别用数字记号$\bar{2}$、$\bar{3}$、$\bar{4}$、$\bar{6}$,另有$\bar{1}$操作,如图3.50所示。

如图3.50所示,$\bar{1}$是中心反演,或是对称心i;$\bar{2}$等价于垂直于该轴的镜像操作m;$\bar{3}$等价于3度旋转加对称心的操作,不是基本操作。如图3.50(c)所示,1点旋转120°到1′点;经中心反演到2点,2点旋转120°到2′点;经中心反演到3点,3点旋转120°到3′点;经中心反演到4点,4点旋转120°到4′点;经中心反演到5点;依此类推。可见$\bar{3}$操作与3度旋转操作加对称心的操作的总效果是一致的。

4度旋转－反演是基本对称操作。$\bar{6}$等价于基本对称操作3度旋转加垂直于该轴的镜面操作。基本操作相对非基本操作而言。若一种对称操作可以分解为这种结构所具有的其他的简单对称操作之和,则这种对称操作不是基本对称操作。

概括起来,晶体的宏观对称操作一共有8种基本操作,即1、2、3、4、6、i、m和$\bar{4}$。把这些基本对称操作组合起来,得到32种不包括平移的宏观对称类型。

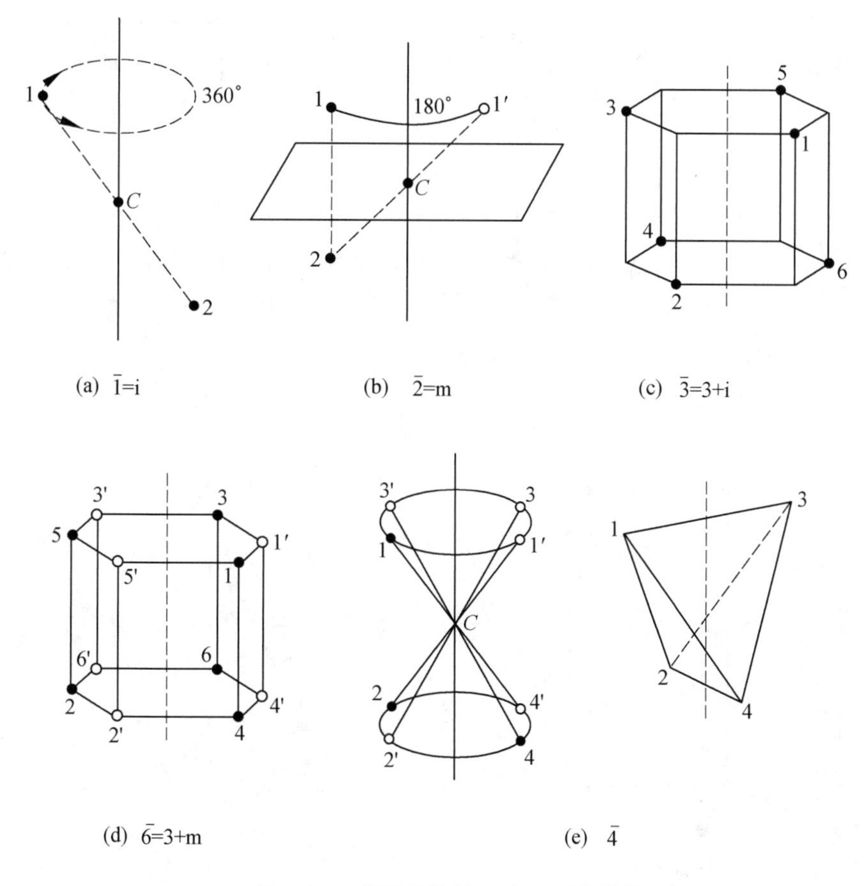

图 3.50 常见的旋转－中心反演操作

3.7 晶格结构的分类

考虑到晶格的对称性，结晶学上选取的重复单元晶胞不一定是最小的重复单元；晶胞的基矢方向，便是晶体的晶轴方向。晶轴上的周期就是基矢的模，称为晶格常数。按晶胞基矢的特征，晶体可分为七大晶系。按晶胞上格点的分布特点，晶格结构分成 14 种布喇菲格子。

基矢常用 $\boldsymbol{a}$、$\boldsymbol{b}$、$\boldsymbol{c}$ 表示，基矢间的交角为 $\alpha=(\boldsymbol{b},\boldsymbol{c})$，$\beta=(\boldsymbol{c},\boldsymbol{a})$，$\gamma=(\boldsymbol{a},\boldsymbol{b})$，如图 3.51 所示。

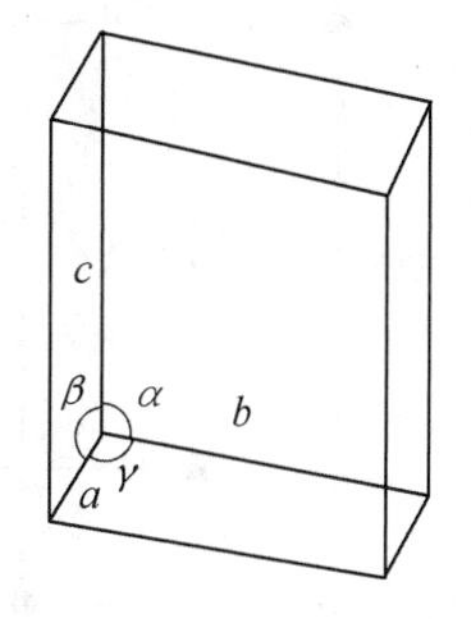

图 3.51 晶胞基矢之间的夹角

根据晶胞基矢的特征，晶体可以分为七大晶系，如图 3.52 所示。其基本特征见表 3.5，按照晶胞上的格点的分布，可以分成 14 种布喇菲格子。布喇菲按照“每个阵点的周围环境相同”的原则，用数学方法推导出能够反映空间点阵全部特征的单位平面六面体只有 14 种，这 14 种空间点阵也称布喇菲点阵，如图 3.53 所示。

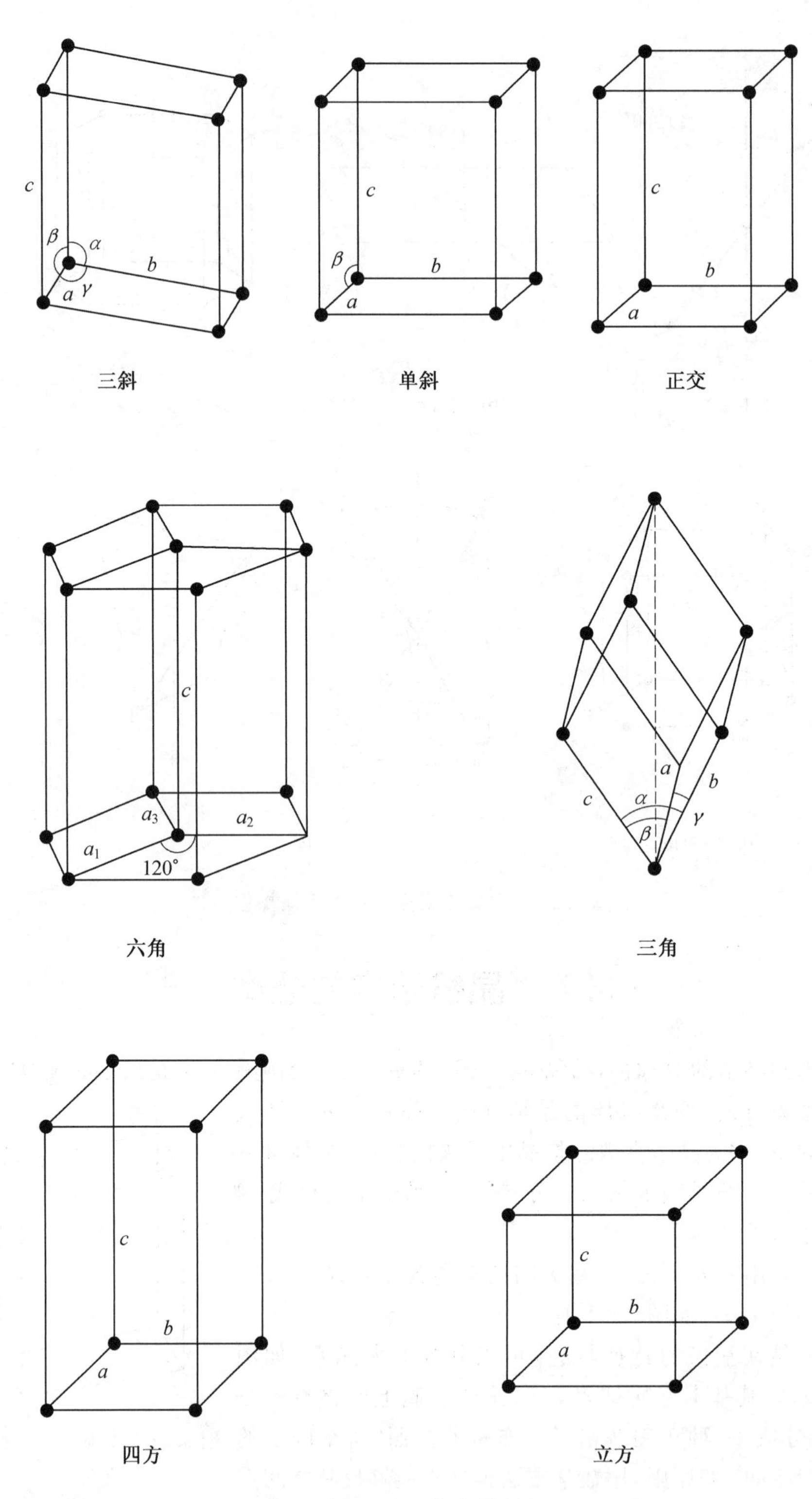

图 3.52　七大晶系

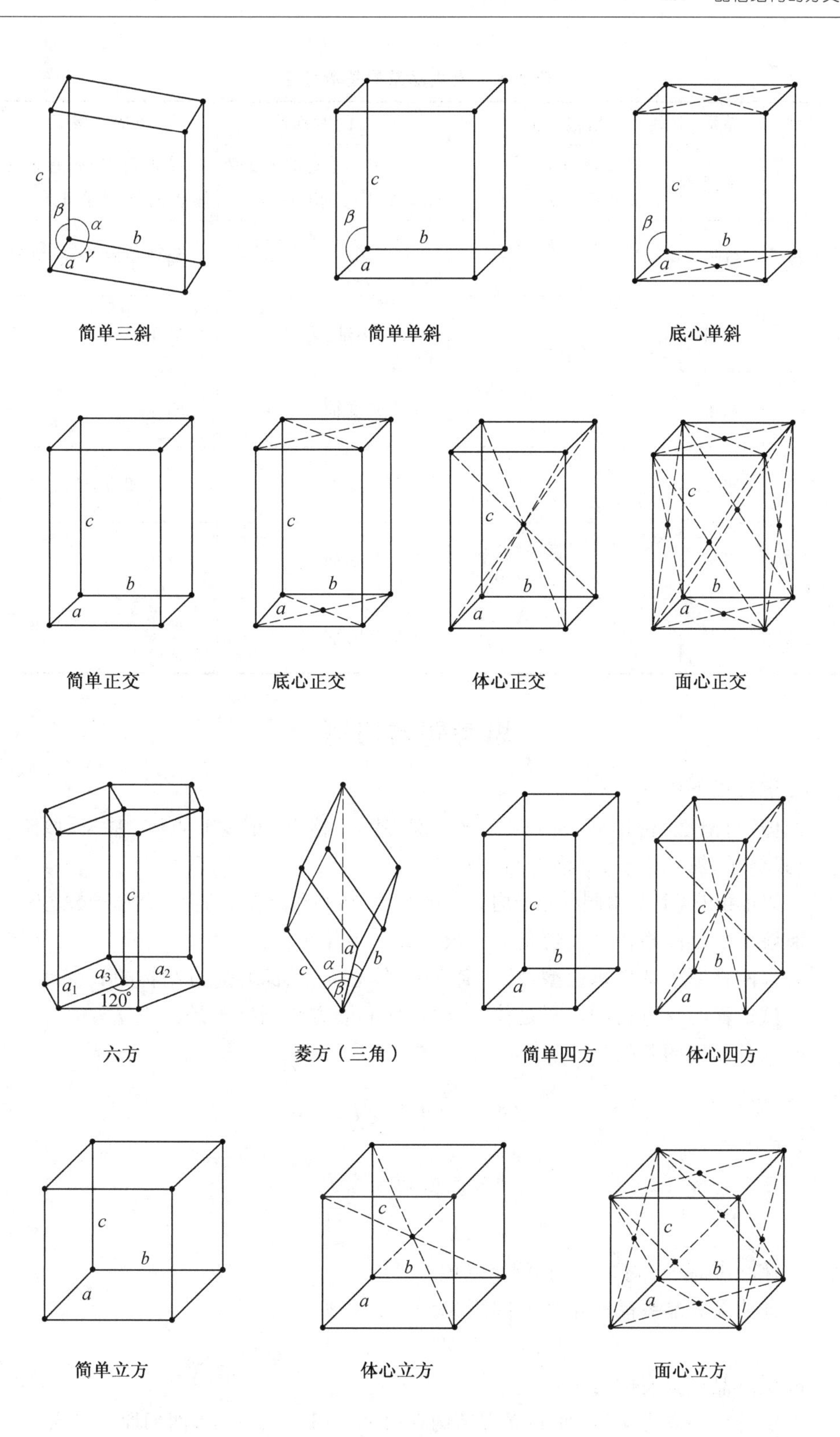

图 3.53　14 种布喇菲格子

表 3.5　七大晶系的基本特征

级别	晶系	晶胞特征	独有的对称性	布喇菲格子
低级	正交	$a \neq b \neq c$, $\alpha = \beta = \gamma = 90^\circ$	3个相互垂直的2度轴或2个正交的对称面	简单正交,底心正交,体心正交,面心正交
	单斜	$a \neq b \neq c$, $\alpha = \gamma = 90^\circ \neq \beta$	1个2度轴或1个对称面	简单单斜,体心单斜
	三斜	$a \neq b \neq c$, $\alpha \neq \beta \neq \gamma$	无对称轴,无对称面	简单三系
中级	六角	$a = b \neq c, \alpha = \beta = 90^\circ$, $\gamma = 120^\circ$	1个6度轴	六角
	四方	$a = b \neq c$, $\alpha = \beta = \gamma = 90^\circ$	1个4度轴	简单四方,体心四方
	三角	$a = b = c$, $\alpha = \beta = \gamma \neq 90^\circ$	1个3度轴	三角
高级	立方	$a = b = c$, $\alpha = \beta = \gamma = 90^\circ$	4个3度轴	简单立方,体心立方,面心立方

思考题与习题

1. 解释以下概念:

固体、自限性、密排面、配位数、致密度、基元、格点、布喇菲点阵、基矢、原胞、晶胞、复式格子、简单格子、倒格空间、倒格基矢。

2. 以堆积模型计算由同种原子构成的同体积的体心和面心立方晶体的原子数之比。

3. 解离面是高指数平面还是低指数平面? 为什么?

4. 以刚性原子球堆积模型,计算简立方、体心立方、面心立方结构的致密度。

5. 试证面心立方的倒格子是体心立方;体心立方的倒格子是面心立方。

6. 六角晶胞的基矢为

$$\boldsymbol{a} = \frac{\sqrt{3}}{2}a\boldsymbol{i} + \frac{a}{2}\boldsymbol{j}$$

$$\boldsymbol{b} = -\frac{\sqrt{3}}{2}a\boldsymbol{i} + \frac{a}{2}\boldsymbol{j}$$

$$\boldsymbol{c} = c\boldsymbol{k}$$

其中,a 和 c 是晶格常数。求其倒格基矢。

7. 证明立方晶系晶面组的面间距为

$$d_{hkl} = a(h^2 + k^2 + l^2)^{-1/2}$$

8. 试述晶体具有的特征。

9. 试述体心立方结构、面心立方结构在(100)、(110)、(111)面的原子分布。

第 4 章　晶体的结合

原子结合成晶体时，原子的外层电子要做重新分布，其价电子结构可能和孤立原子中的形态有很大差异。晶体内价电子在空间内的不同分布导致了晶体中原子之间产生了不同类型的结合力。不同类型的结合力导致了晶体不同的结合类型。典型的晶体结合类型包括共价结合、离子结合、金属结合、分子结合和氢键结合。尽管晶体结合类型不同，但结合力存在共性：库仑吸引力是原子结合的动力，它是长程力；晶体原子之间存在排斥力，它是短程力；平衡时吸引力与排斥力相等。同一种原子，在不同结合类型中有不同的电子云分布。本章首先介绍晶体结合的物理本质，然后重点讨论离子晶体和分子晶体的结合能。

4.1　原子的电负性

中性原子能够结合成晶体，除了外界的压力和温度等条件外，主要取决于原子最外层电子的作用。各种晶体结合类型，都是与原子的电性相关的。

4.1.1　原子的电子分布

原子的电子组态，通常用 s、p、d、… 来表征，分别对应角量子数 $l=0,1,2,\cdots$，字母左边的数字是轨道主量子数，右上标表示该轨道的电子数目。如氧的电子组态为 $1s^2 2s^2 2p^4$。图 4.1 所示为氧的电子组态。

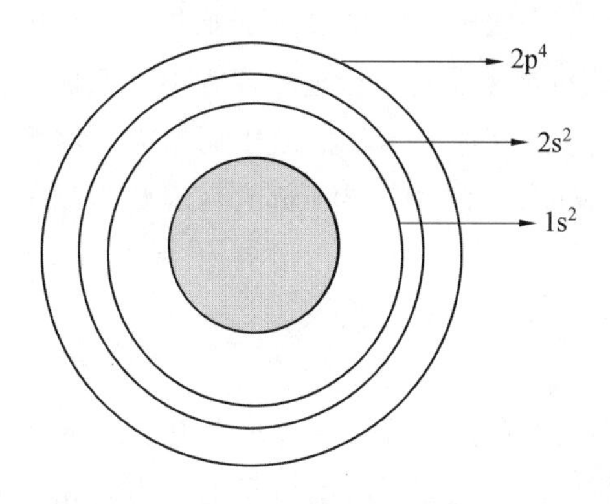

图 4.1　氧的电子组态

核外电子分布遵从泡利不相容原理、能量最低原理和洪特规则。泡利不相容原理指出包括自旋在内，不可能存在量子态完全相同的两个电子；能量最低原理指出自然界内任何稳定体系，其能量最低；洪特规则指出电子依能量由低到高依次进入轨道并先单一自旋平行地占据尽量多的等价轨道。

同一族中，虽然原子的电子层数不同，但却有相同的价电子构型，它们的性质是相近的。ⅠA 和 ⅡA 族原子容易失去最外层的电子；ⅥA 族和 ⅦA 族的原子则不容易失去电子，相反容易获得电子。可见不同种类的原子失去电子的难易程度是不一样的。

4.1.2 电离能

使原子失去一个电子所需要的能量称为原子的电离能，电离能表征原子对价电子束缚强弱的能力。从原子中移去第一个电子所需要的能量为第一电离能；从 +1 价离子再移去一个电子所需要的能量为第二电离能；第二电离能大于第一电离能。表4.1 列出了两个周期内元素的第一电离能。可见，在一个周期内从左到右，电离能不断增加。

表 4.1 两个周期内元素的第一电离能 eV

元素	Na	Mg	Al	Si	P	S	Cl	Ar
电离能	5.138	7.644	5.984	8.149	10.55	10.357	13.01	15.755
元素	K	Ca	Ga	Ge	As	Se	Br	Kr
电离能	4.339	6.111	6.00	7.88	9.87	9.750	11.84	13.996

4.1.3 电子亲和能

一个中性原子获得一个电子成为负离子所释放的能量称为电子亲和能。电子亲和能也表示原子对价电子束缚程度。注意电子亲和能不能看作是电离过程的逆过程所对应的能量变化。因为第一次电离能是中性原子失去一个电子变成 +1 价离子所需的能量，其逆过程是+1 价离子获得一个电子成为中性原子。表 4.2 是部分元素的电子亲和能。电子亲和能一般随原子半径的减小而增大。因为原子半径小，核电荷对电子的吸引力较大，对应较大的互作用势(负值)，因此当电子获得一个电子时，相应释放较大的能量。

4.1.4 电负性

电离能和亲和能从不同的角度表征了原子争夺电子的能力。可以统一用电负性来度量原子吸引电子的能力。注意原子吸引电子的能力是相对而言，一般选择某原子的电负性为参考值；其他原子的电负性与此做比较。最简单的情况是用穆力肯值来表征。

表 4.2 部分元素的电子亲和能 kJ/mol

元素	理论值	实验值	元素	理论值	实验值
H	72.766	72.9	Na	52	52.9
He	−21	< 0	Mg	−230	< 0
Li	59.8	59.8	Al	48	44
Be	240	< 0	Si	134	120
B	29	23	P	75	74
C	113	122	S	205	200.4
N	−58	0 ± 20	Cl	343	348.7
O	120	141	Ar	−35	< 0
F	312 ~ 325	322	K	45	48.4
Ne	−29	< 0	Ca	−156	< 0

元素电负性一般用穆力肯值表示。某元素的穆力肯值等于 0.18(电离能 + 亲和能)。所用的能量单位为 eV,其中 0.18 作为系数是为了使 Li 的电负性为 1。泡林提出的电负性的计算方法也是较通用的方法。限于篇幅,本章不做讨论。

表 4.3 给出了不同元素的电负性值。一般地,同一周期内的原子自左向右电负性逐渐增加;自上而下电负性逐渐缩小。有时把元素失去电子的倾向称为金属性;而电负性大的元素称为非金属性元素。

表 4.3 不同元素的电负性值

元素	泡林值	穆力肯值	元素	泡林值	穆力肯值
H	2.2	—	Na	0.93	0.93
He	—	—	Mg	1.32	1.31
Li	0.98	0.94	Al	1.61	1.81
Be	1.57	1.46	Si	1.90	2.44
B	2.04	2.01	P	2.19	1.81
C	2.55	2.63	S	2.58	2.41
N	3.04	2.33	Cl	3.16	3.00
O	3.44	3.17	Ar	—	—
F	3.98	3.91	K	0.82	0.80
Ne	—	—	Ca	1.0	—

4.2 结合力及结合能

4.2.1 结合力共性

不论哪种结合类型，晶体中原子间的相互作用力都可以分为两类：吸引力和排斥力。吸引力在原子由分散无规的中性原子结合成规则排列的晶体过程中起主要作用；排斥力则使原子保持一定的距离，形成稳定的结构。如果只有吸引力，没有排斥力，则不会形成稳定的结构。但是只有在吸引力作用下原子之间的距离缩小到一定程度时，原子之间才出现排斥力。

两原子之间的相互作用势可以写为

$$u(r)=-\frac{A}{r^m}+\frac{B}{r^n} \tag{4.1}$$

式中 $-\frac{A}{r^m}$—— 吸引势；

$\frac{B}{r^n}$—— 排斥势；

r—— 两原子之间的距离；

A、B、m、n—— 常数。

相互作用力为

$$f(r)=-\frac{\mathrm{d}u}{\mathrm{d}r}=-\left(\frac{mA}{r^{m+1}}-\frac{nB}{r^{n+1}}\right) \tag{4.2}$$

设 r_0 为平衡位置，则能量在此处取极小值，合力为0。

$$\left(\frac{\mathrm{d}u}{\mathrm{d}r}\right)_{r_0}=0 \tag{4.3}$$

$$\left(\frac{\mathrm{d}^2 u}{\mathrm{d}r^2}\right)_{r_0}>0 \tag{4.4}$$

得到

$$r_0=\left(\frac{nB}{mA}\right)^{1/(n-m)} \tag{4.5}$$

将 r_0 代入式(4.4)，得

$$\left(\frac{\mathrm{d}^2 u}{\mathrm{d}r^2}\right)_{r_0}=-\frac{m(m+1)}{r_0^{m+2}}+\frac{n(n+1)}{r_0^{n+2}}=\frac{m(m+1)A}{r_0^{m+2}}\left(\frac{n-m}{m+1}\right)>0 \tag{4.6}$$

有 $n>m$。可见，随距离的增加，排斥势要比吸引势更快地减小。

当两原子相距很远时，相互作用力为零；当两原子逐渐靠近，原子间出现吸引力。当 $r=r_m$ 时，吸引力达到最大，当距离再缩小，排斥力起主导作用；当 $r=r_0$ 时，排斥力与吸引力相等，互作用力为零；当 $r<r_0$ 时，排斥力迅速增大，相互作用主要由排

斥作用决定。

由图 4.2 可以看出，$r > r_m$ 时两原子间的相互作用能随距离的增加而逐渐减小，可以认为 r_m 是两原子开始解体的临界距离。

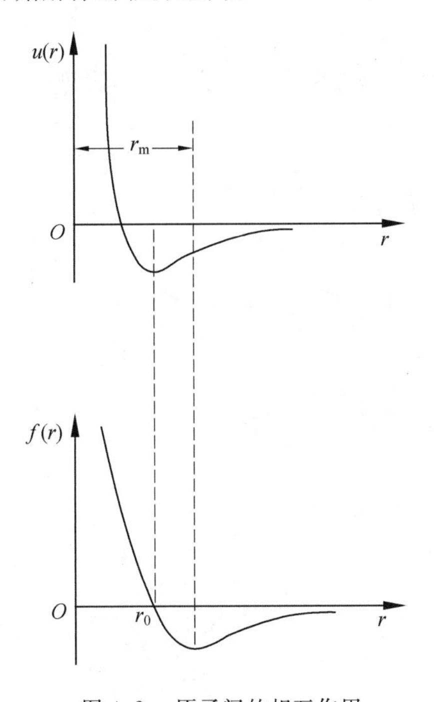

图 4.2　原子间的相互作用

4.2.2　结合能

N 个原子构成的晶体，原子之间的相互作用势为

$$U = \frac{1}{2}\sum_{i}\sum_{j}{}'u(r_{ij}) \tag{4.7}$$

式中　“′”—— 对 j 求和时 j 不能等于 i；

1/2 因子 —— 考虑到 $u(r_{ij})$ 与 $u(r_{ji})$ 是同一个相互作用势，但在求和中出现两次。

设晶体内任何一个原子与其他原子的相互作用之和都相等。实验证明这种近似是合理的，有

$$U = \frac{N}{2}\sum_{i}{}'u(r_{ai}) \tag{4.8}$$

式中　“′”——$a \neq i$；

a—— 晶体内任意原子。

自由粒子结合成晶体的过程中释放的能量，或把晶体拆分为一个个自由粒子所提供的能量，为晶体的结合能。原子的动能与相互作用的势能之和的绝对值为结合能。对于绝对零度，原子的动能与相互作用的势能的绝对值相比很小，这时晶体的结

合能近似等于原子相互作用的势能的绝对值。在温度很低时主要是原子间的相互作用能。

原子间相互作用势是原子数目和原子间距的函数,也是晶体体积的函数。可以利用原子间相互作用势求解晶体和体积有关的物理量——压缩系数和体积弹性模量。

例 4.1 已知某晶体中相邻两原子间的相互作用势能可表示成

$$u(r)=-\frac{\alpha}{r^m}+\frac{\beta}{r^n}$$

试求:(1) 平衡时,两原子间的距离。

(2) 平衡时的结合能。

解 (1) 平衡时,要求相互作用势能取极小值,所以

$$\left.\frac{\mathrm{d}u(r)}{\mathrm{d}r}\right|_{r=r_0}=\frac{m\alpha}{r^{m+1}}-\frac{n\beta}{r^{n+1}}=0$$

由上式可求得平衡时两原子间的距离为

$$r_0=\left(\frac{n\beta}{m\alpha}\right)^{\frac{1}{n-m}}$$

(2) 平衡时的结合能即

$$u(r_0)=-\frac{\alpha}{r_0^m}+\frac{\beta}{r_0^n}$$

代入 r_0,即得

$$u(r_0)=-\frac{\alpha}{r_0^m}\left(1-\frac{m}{n}\right)$$

4.3 晶体的结合类型

原子结合成晶体时,不同的原子对电子的争夺能力不同,原子外层的电子要做重新分布。原子的电负性决定了结合力的类型。表 4.4 给出了晶体中常见的结合类型以及相应的晶体。

表 4.4 晶体中常见的结合类型以及相应的晶体

结合类型	相应的晶体
化学键	晶体
离子键	离子晶体
共价键	共价晶体
金属键	金属
范德瓦耳斯键	分子晶体
氢键	氢键晶体
混合键	—

4.3.1 共价键结合

电负性较大的原子合成晶体时，各出一个电子，形成电子共享的形式，形成自旋相反的配对电子，电子配对的方式称为共价键，这类晶体称为共价晶体。金刚石、SiC等Ⅳ族元素结合成的晶体是典型的共价晶体。

原子间结合力为共价键。成键时，电子云发生交叠，交叠越多键能越大，系统能量越低，键越牢固。因此，共价键具有以下特点：

(1) 饱和性。

一个原子所能形成的共价键的数目有一个最大值。对于价电子壳层未达到半满的情况：可成价键数＝价电子数 N；对于第Ⅳ～Ⅶ族元素，因为价电子层一共有8个量子态，最多接纳 $(8-N)$ 个电子。因此对于价电子壳层等于或超过半满的情况，共价键数目为 $(8-N)$。

(2) 方向性。

原子只在特定的方向上形成共价键，各个共价键之间有确定的相对取向。共价键晶体结构稳定，晶体熔点高、硬度高、体积弹性模量高、结合能高，导电性差、热膨胀系数小。

4.3.2 离子键结合

周期表左边的元素电负性小，容易失去电子；周期表右边的元素电负性大，容易俘获电子。二者结合在一起，一个失去电子变成正离子，一个得到电子变成负离子，进而形成离子晶体。离子晶体就是由正、负离子组成，靠离子间静电相互作用结合而成的晶体。Ⅰ族碱金属元素(Li、Na、K、Rb、Cs)＋Ⅶ族的卤素元素(F、Cl、Br、I)形成的晶体是典型的离子晶体，如NaCl、CsCl等。Ⅱ族＋Ⅵ族结合成半导体材料CdS、ZnS等也是典型的离子晶体。氯化钠型晶体NaCl、KCl、AgBr、PbS、MgO配位数为6；氯化铯型晶体CsCl、TlBr、TlI配位数为8；离子结合成分较大的半导体材料ZnS等配位数为4。图4.3所示为典型的离子晶体结构。

显然以离子为单位，正、负离子间的静电库仑力为离子晶体的结合力。离子晶体表现为高熔点、较高硬度和体弹性模量，结合能较高，导电性能差、膨胀系数小。

4.3.3 金属键结合

Ⅰ族、Ⅱ族元素及过渡元素原子对价电子的束缚较弱，易失去电子。构成元素晶体时晶格上既有金属原子，又有失去电子的金属离子，但它们是不稳定的。价电子会向正金属离子运动，金属离子随时会变成金属原子，金属原子随时会变成金属离子。这说明金属晶体中价电子不再属于个别原子，而是为所有原子所共有，在晶体中做共有化的运动。这样可以认为，金属离子沉浸在价电子的海洋中。这时晶体的结

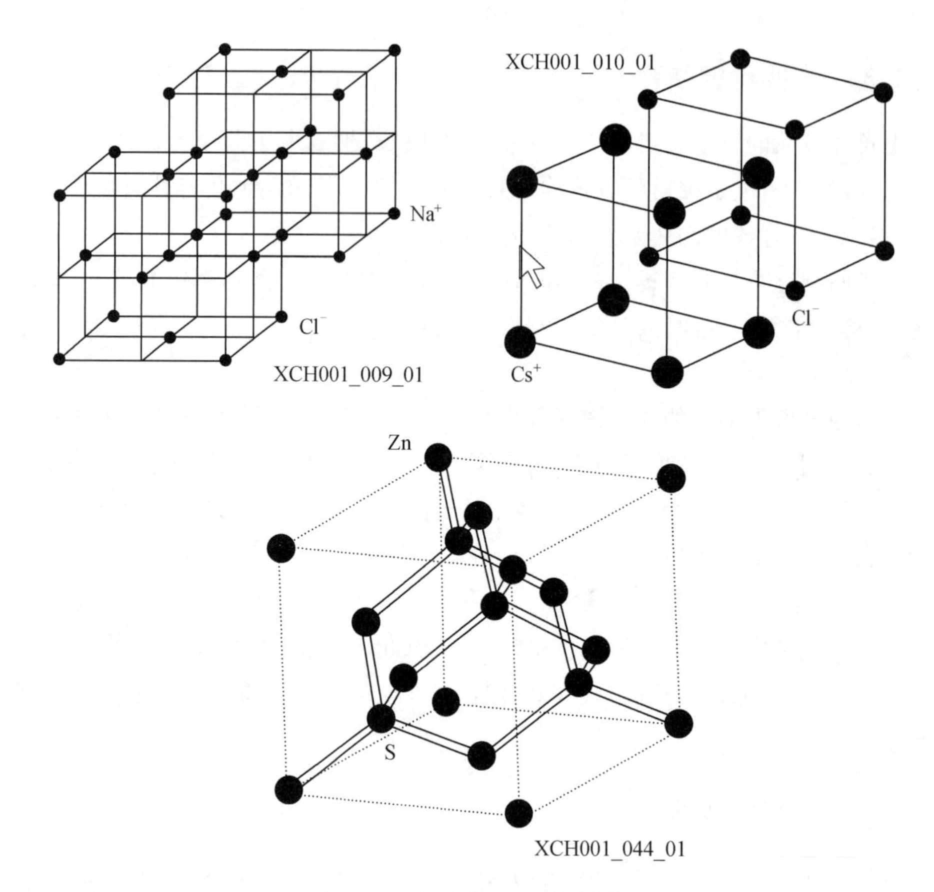

图 4.3 典型的离子晶体结构

合力主要是原子实和共有化电子之间的静电库仑力。

依靠上述静电库仑力形成的晶体为金属晶体。可见金属中原子对价电子的束缚比较弱,形成晶体时价电子可以在晶格中自由运动,而不束缚在原子周围。晶体的结合靠电子与离子实之间的吸引和电子之间及离子实之间的排斥相互平衡而形成稳定晶体。大多数金属晶体具有面心立方或六角密排结构,配位数均为12,例如面心立方金属Cu、Ag、Au、Al,六角密排金属Be、Mg、Zn、Cd等。体心立方晶体Li、Na、K、Rb、Cs、Mo等配位数则为8。

因大量共有化电子存在,金属晶体具有良好导电性、导热性,且不同金属存在接触电势差。同时具有很大延展性(范性),原因在于金属键无方向性,原子实与原子实相对滑动并不破坏密堆积结构。

4.3.4 分子结合

分子间的作用力为范德瓦耳斯力。具有封闭满电子壳层结构的原子或分子通过范德瓦耳斯力结合而形成的晶体为分子晶体。典型晶体如惰性气体元素,NH_3、SO_2、H_2、O_2、CH_4等气体在低温下形成的晶体。

范德瓦耳斯力是一种瞬时的电偶极矩的感应作用。具体讲，包括以下三种情况：

(1) 极性分子间的结合。

极性分子具有电偶极矩，极性分子间的作用力是库仑力。为了使系统的能量最低，两分子靠近的两原子一定是异性的。

(2) 极性分子与非极性分子的结合。

极性分子的电偶极矩具有长程作用，它使附近的非极性分子产生极化，使非极性分子也成为一个电偶极子。极性分子的偶极矩与非极性分子的诱导偶极矩的吸引力称为诱导力。显然诱导力也是库仑力。

(3) 非极性分子间的结合。

非极性分子在低温下能形成晶体。其结合力是分子间瞬时电偶极矩的一种相互作用，是较弱的力。

范德瓦耳斯力不依赖于原子间电子云的任何交叠，是一种弱的相互作用，故分子晶体的熔点都较低，硬度低，易于压缩，导电性差，一般为绝缘体。

4.3.5 氢键结合

氢原子的电子参与形成共价键后，裸露的氢核与另一负电性较大的原子通过静电作用相互结合。氢原子与其他电负性较大且原子半径较小的原子(如 F、O 等)或原子团结合而成共价键，原来氢原子球对称的电子云分布偏向了 F、O 等电负性大的元素，氢核和负电中心不再重合，产生了极化现象。此时呈电正性的氢核一端可以通过库仑力与另一个电负性较大的原子结合。如 H_2O 具有 O—H…O 结合的形式，如图 4.4 所示。

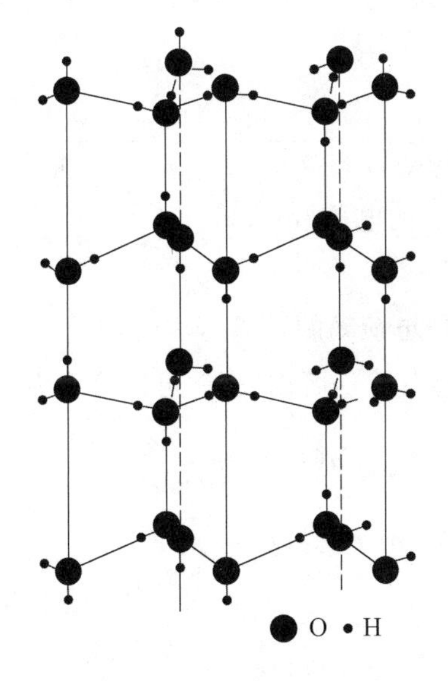

图 4.4 冰晶体结构

氢键结合具有饱和性，O—H结合能为464 kJ · mol^{-1}，键长为0.096 nm；而氢键能量为18.98 kJ · mol^{-1}，键长为0.276 nm。

4.4 分子力结合

4.4.1 极性分子结合

极性分子存在永久偶极矩，每个极性分子就是一个电偶极子。相距较远的两个极性分子之间的作用力是库仑力。这一作用力有定向作用：两极性分子同极相斥，异极相吸，有使偶极矩排成一个方向的趋势，如图4.5所示。

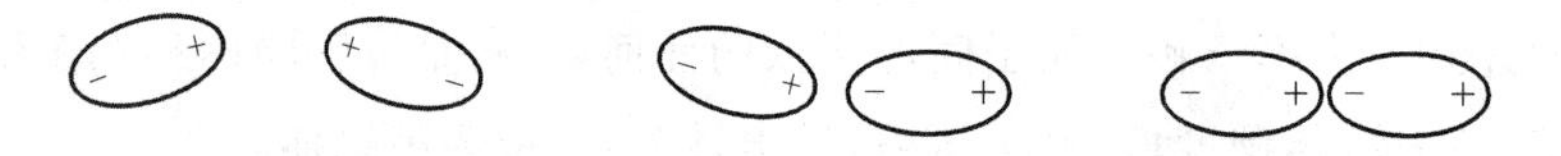

图4.5 极性分子的相互作用

两个相互平行的电偶极子间的库仑势可由图4.6求出。

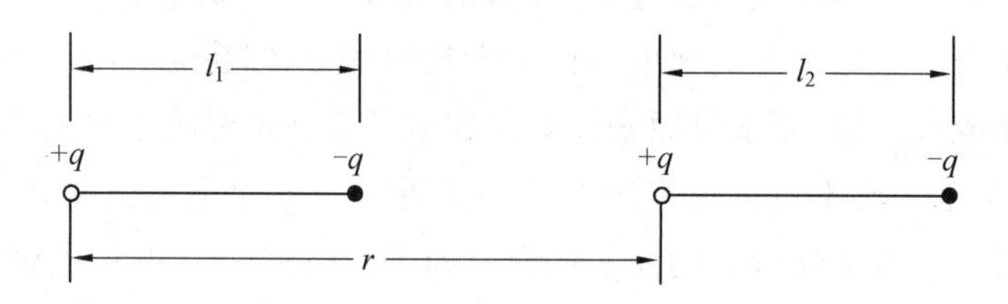

图4.6 一平行偶极子的相互作用

由图4.6有

$$u(r)=\frac{1}{4\pi\varepsilon_0}\left(\frac{q^2}{r}+\frac{q^2}{r+l_2-l_1}-\frac{q^2}{r-l_1}-\frac{q^2}{r+l_2}\right) \tag{4.9}$$

式中 q—— 偶极子中原子的电荷量；

r—— 两偶极子的距离；

l—— 偶极子中正负电荷间的距离。

因为 l_1、l_2、l_1-l_2 均远小于 r，所以 $u(r)$ 可以简化为

$$u(r)=-\frac{p_1p_2}{2\pi\varepsilon_0r^3} \tag{4.10}$$

式中 p_1、p_2—— 电偶极矩，$p_1=ql_1$，$p_2=ql_2$。

对于全同的极性分子，有

$$u(r)=-\frac{p^2}{2\pi\varepsilon_0r^3} \tag{4.11}$$

式中 $p=ql$，$l_1=l_2=l$。

在温度很高时，由于热运动，极性分子的平均相互吸引势与 r^6 成反比，与温度 T 成反比。

4.4.2 极性分子与非极性分子的结合

当极性分子与非极性分子靠近时，在极性分子偶极矩电场的作用下，非极性分子的电子云发生畸变，电子云的中心和核电荷中心不再重合，导致非极性分子的极化，产生诱导偶极矩(图 4.7)。诱导偶极矩与极性分子的偶极矩之间的作用力称为诱导力。

图 4.7 极性分子与非极性分子的相互作用

设 p_1 为极性分子的点偶极矩，在偶极矩延长线上的电场为 $E=\dfrac{2p_1}{4\pi\varepsilon_0 r^3}$。则非极性分子的感生偶极矩与 E 成正比，即

$$p_2=\alpha E=\frac{2\alpha p_1}{4\pi\varepsilon_0 r^3} \tag{4.12}$$

式中 α—— 电子位移极化率。

代入到极性分子与非极性分子的相互作用式(4.10)，则极性分子与非极性分子间的吸引势为

$$u(r)=-\frac{\alpha p_1^2}{4\pi^2\varepsilon_0^2 r^6} \tag{4.13}$$

可见，极性分子与非极性分子间的吸引势与 r^6 成反比。

4.4.3 非极性分子的结合

惰性气体分子的最外电子壳层已饱和，它不会产生金属结合和共价结合。惰性气体分子的正电中心和负电中心重合，不存在永久偶极矩，似乎两惰性分子也不存在任何库仑吸引力。但是 He、Ne、Ar、Ke 和 Xe 在低温下都能形成晶体，原因在哪呢?

图 4.8所示为相邻氦原子的瞬时偶极矩。图 4.8(a)状态对应两个完全没有吸引作用的惰性分子，或者说处于相互作用能为零的状态。图 4.8(b) 状态等效于两个偶极子处于吸引状态，相互作用能小于零。a 状态的数量为 ρ_0，b 状态的数量为 ρ_-，b 状态的能量为 $u_-=-u, u>0$。根据玻耳兹曼统计理论，有

$$\frac{\rho_-}{\rho_0}=\frac{e^{-u_-/k_BT}}{e^0}=e^{u_-/k_BT} \tag{4.14}$$

当温度很低时，$e^{u_-/k_BT}\gg 1$，即 $\rho_-\gg\rho_0$。

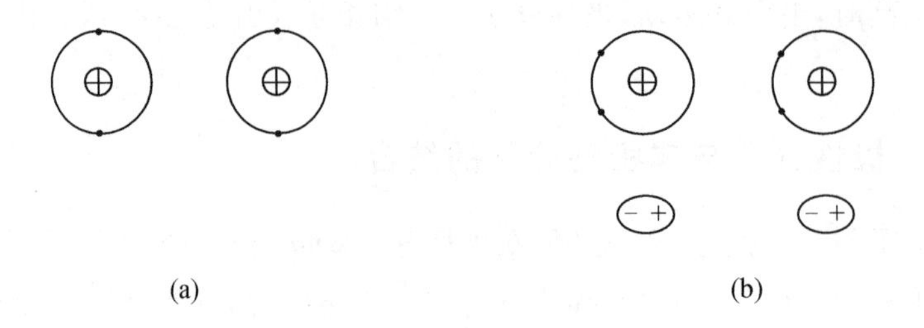

图 4.8 相邻氦原子的瞬时偶极矩

这说明,从统计的角度说,系统在低温下应选择图 4.8(b) 状态。非极性分子间瞬时偶极矩的吸引作用应是极性分子结合成晶体的动力。问题是图 4.8(b) 状态是怎么产生的?对时间平均来说,惰性气体分子的偶极矩为零,但就瞬时而言,某一时刻惰性气体分子也会呈现瞬时偶极矩,这一瞬时偶极矩对邻近的惰性分子有极化作用,使它们产生诱导偶极矩。也就是说,惰性气体分子间的相互作用是瞬时偶极矩与瞬时感应偶极矩间的作用。类同于极性分子与非极性分子的吸引势。

分子间的吸引势可表示为 $-\frac{A}{r^6}$。

至于排斥势,一般由实验确定。由实验求得,排斥势与 r^{-12} 成正比,即

$$u(r)=\frac{-A}{r^6}+\frac{B}{r^{12}} \tag{4.15}$$

令

$$\varepsilon=\frac{A^2}{4B},\quad \sigma=\left(\frac{B}{A}\right)^{1/6} \tag{4.16}$$

则

$$u(r)=4\varepsilon\left[\left(\frac{\sigma}{r}\right)^{12}-\left(\frac{\sigma}{r}\right)^{6}\right] \tag{4.17}$$

式(4.17)称为雷纳德－琼斯势。事实上 σ 具有长度的量纲,1.12 σ 对应两分子的平衡间距;而 ε 具有能量的量纲,$-\varepsilon$ 为平衡点的雷纳德－琼斯势。雷纳德－琼斯势的势能曲线如图 4.9 所示。

N 个惰性气体分子相互作用势能为

$$U=\frac{N}{2}\sum_j{}'\left\{\left\{4\varepsilon\left[\left(\frac{\sigma}{r}\right)^{12}-\left(\frac{\sigma}{r}\right)^{6}\right]\right\}\right\} \tag{4.18}$$

设 R 为两个最近分子的间距,有

$$r_{aj}=a_jR \tag{4.19}$$

则

$$U(R)=2N\varepsilon\left[A_{12}\left(\frac{\sigma}{R}\right)^{12}-A_6\left(\frac{\sigma}{R}\right)6\right] \tag{4.20}$$

式中

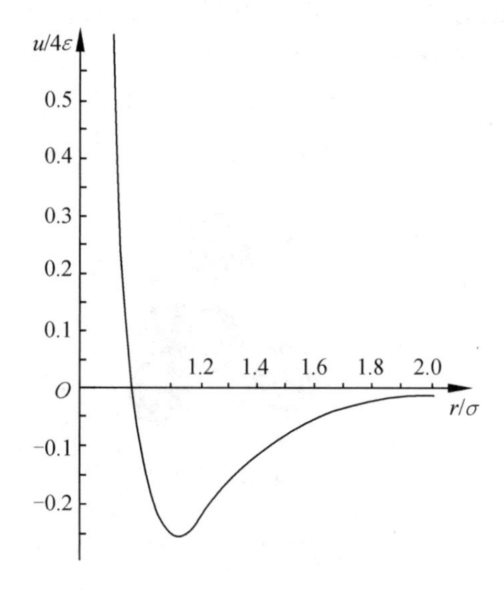

图 4.9 雷纳德－琼斯势的势能曲线示意图

$$A_{12}=\sum_j{}'\frac{1}{a_j^{12}},\quad A_6=\sum_j{}'\frac{1}{a_j^6}$$

若晶体结构已知，可以计算 A_{12} 和 A_6 的值，见表 4.5 。

表 4.5 立方晶系简单格子 A_6 和 A_{12} 的值

结构	简立方	体心立方	面心立方
A_6	8.40	12.25	14.45
A_{12}	6.20	9.11	12.13

4.5 共价结合

海特勒和伦敦证明：只有当电子的自旋相反时，两个氢原子才结合成稳定的分子。由此可知，两原子中自旋相反的价电子可为两原子共享，使得体系能量最低。自旋相反的两电子称为配对电子，称配对的电子结构为共价键。这种共享配对电子的结合方式称为共价结合。

两原子未配对的电子结合成共价键时，两电子的电子云沿一定方向发生交叠，使交叠的电子云密度为最大。例如氮原子有 3 个未配对的 $2p$ 电子，处于三个正交的 p_x、p_y 和 p_z 轨道上。氢原子的 1s 电子的电子云是球对称的，3 个氢原子与 3 个氮原子形成 NH_3 时，它们分别沿 x、y 和 z 轴及 p_x、p_y 和 p_z 交叠，形成共价键。

C 原子的电子组态为 $1s^2 2s^2 2p^2$。其中 2p 上只有 2 个未成对电子，似乎只能形成 2 个共价键。但事实上金刚石结构中碳原子有 4 个等同的共价键，键与键之间的夹角为 109°28′(图 4.10、图 4.11)。为什么会这样？原因在于形成金刚石结构时，碳原子的电子组态发生变化，2s上的一个电子激发到2p上之后，未成对电子达到4个，经过杂化后，形成相同的电子云分布。形成金刚石结构时每个C原子被4个最近邻C原子包围，构成正四面体，而C—C键共有4个。

$$1s^2 2s^2 2p^2 \rightarrow (\text{激发}) 1s^2 2s^1 2p_x^1 2p_y^1 2p_z^1 \rightarrow 1s(sp^3) \tag{4.21}$$

图4.10 金刚石正四面体结构

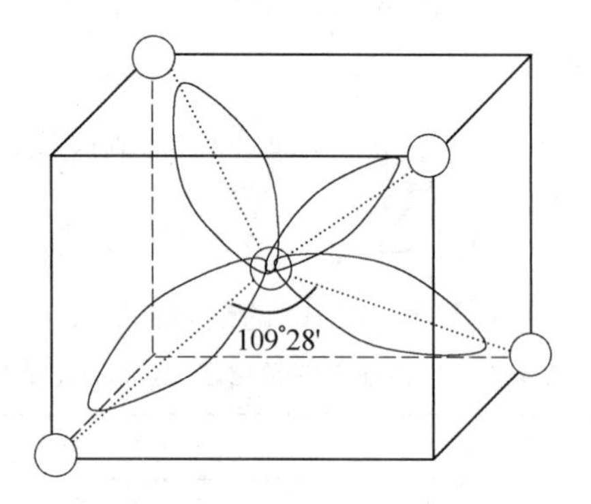

图4.11 金刚石正四面体结构价键夹角

4.6 离子结合

对于典型的NaCl型离子晶体，两离子的互作用势可表示为

$$u(r_{ij}) = \mp \frac{e^2}{4\pi\varepsilon_0 r_{ij}} + \frac{b}{r_{ij}^n} \tag{4.22}$$

代入式(4.8)，总的势能为

$$U = -\frac{N}{2}\left[\frac{e^2}{4\pi\varepsilon_0 R}\sum_j{}'\left(\pm\frac{1}{a_j}\right) - \frac{1}{R^n}\sum_j{}'\left(\pm\frac{b}{a_j^n}\right)\right] \tag{4.23}$$

式(4.23)中，已令

$$r_{aj} = a_j R \tag{4.24}$$

若令

$$\mu = \sum_j{}' \pm \frac{1}{a_j}, \quad B = \sum_j \frac{b}{a_j^n} \tag{4.25}$$

可得

$$U(R)=-\frac{N}{2}\left(\frac{\mu e^2}{4\pi\varepsilon_0 R}-\frac{B}{R^n}\right) \tag{4.26}$$

定义 μ 为马德隆常数，它是仅与晶格几何结构有关的常数；+、－号分别对应相异离子间和相同离子间作用。经计算可以得到：NaCl 型结构的马德隆常数为 1.747 558；CsCl 型结构的马德隆常数为 1.762 67；闪锌矿结构的马德隆常数为 1.638 1。

离子晶体的结合能主要来自库仑能，而排斥能仅是库仑能绝对值的 $1/n$。

关于马德隆常数的计算，埃夫琴提出了有关的算法，解决了定义式中级数求和收敛过慢的问题。基本思想是把晶胞看作埃夫琴晶胞。埃夫琴晶胞内所有离子的电荷代数和为零。把这些中性晶胞对参考离子的库仑能量的贡献份额加起来就得马德隆常数。如图 4.12 所示，以 NaCl 结构晶胞为例。

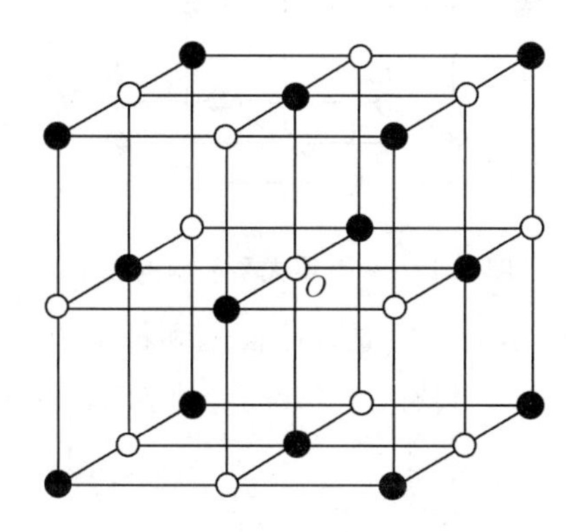

图 4.12　NaCl 结构埃夫琴晶胞

晶胞为埃夫琴晶胞，选取晶胞中心离子 O 作为参考离子，不妨设 O 为正离子。面心上的负离子对晶胞的贡献为 $6\times(1/2)$，它们对参考离子库仑能的贡献为

$$\frac{6\times\frac{1}{2}}{1}$$

棱中点的离子是正离子，它们对晶胞的贡献为 $12\times(1/4)$，它们对库仑能的贡献为

$$\frac{12\times\frac{1}{4}}{\sqrt{2}}$$

8 个角顶上的离子对库仑能的贡献为

$$\frac{8\times\frac{1}{8}}{\sqrt{3}}$$

所以由一个中性埃夫琴晶胞得到的 NaCl 结构晶体的马德隆常数为

$$\mu=\frac{6\times\frac{1}{2}}{1}-\frac{12\times\frac{1}{4}}{\sqrt{2}}+\frac{8\times\frac{1}{8}}{\sqrt{3}}=1.456$$

若选取更大的电中性范围,比如选取如图 4.13 所示参考点周围的 8 个埃夫琴晶胞作为考虑的范围。这时 O 点的最近邻、次近邻和次次近邻都包含在这一中性区域内,它们分别为 6、12、8 个离子,对库仑能的贡献为

$$\frac{6}{1}-\frac{12}{\sqrt{2}}+\frac{8}{\sqrt{3}}$$

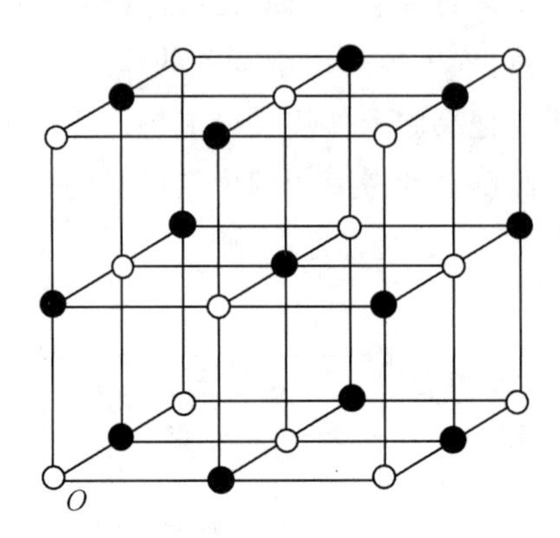

图 4.13 8 个埃夫琴晶胞的一个

其次考虑如图 4.14 所示的中性立方体面上和棱上离子的贡献。一个面上离子对中性立方体的贡献为 1/2,一共有 54 个离子,对参考离子库仑能的贡献为

$$-\frac{6\times\frac{1}{2}}{\sqrt{4}}+\frac{24\times\frac{1}{2}}{\sqrt{5}}-\frac{24\times\frac{1}{2}}{\sqrt{6}}$$

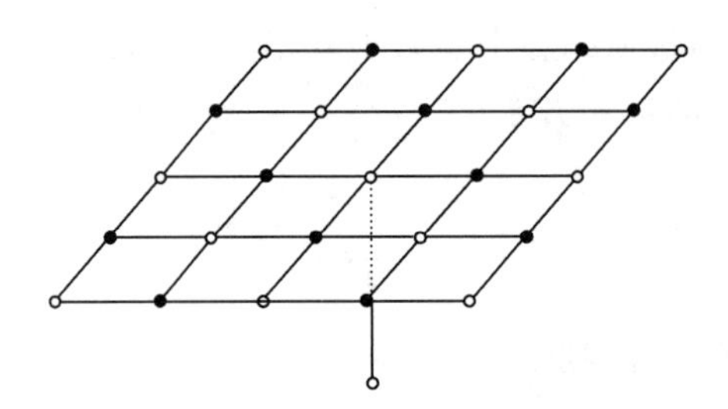

图 4.14 面上的离子分布

棱上离子对库仑能的贡献为

$$-\frac{12\times\frac{1}{4}}{\sqrt{8}}+\frac{24\times\frac{1}{4}}{\sqrt{9}}$$

中性立方体顶角上离子对库仑能的贡献为

$$-\frac{8\times\frac{1}{8}}{\sqrt{12}}$$

于是,可计算出 NaCl 型离子晶体的马德隆常数为

$$\mu=\frac{6}{1}-\frac{12}{\sqrt{2}}+\frac{8}{\sqrt{3}}-\frac{6\times\frac{1}{2}}{\sqrt{4}}+\frac{24\times\frac{1}{2}}{\sqrt{5}}-\frac{24\times\frac{1}{2}}{\sqrt{6}}-\frac{12\times\frac{1}{4}}{\sqrt{8}}+\frac{24\times\frac{1}{4}}{\sqrt{9}}-\frac{8\times\frac{1}{8}}{\sqrt{12}}=1.752$$

例 4.2 试证明由正负离子相间排列的一维离子链的马德隆常数 $M=2\ln 2$。

证明 设想一个由正负两种离子相间排列的无限长的离子链，如图 4.15 所示。任意选定一个负离子作为参考离子，这样，在求和中对正离子取正号，对负离子取负号。用 r 表示相邻离子间的距离，于是有

$$\frac{M}{r}=\sum_j{}'\frac{\pm 1}{r_{ij}}=2\left[\frac{1}{r}-\frac{1}{2r}+\frac{1}{3r}-\frac{1}{4r}+\cdots\right]$$

前面的因子 2 是因为存在两个相等距离 r_j 的离子，一个在参考离子左面，一个在其右面，故对一边求和后需要乘 2。马德隆常数为

$$M=2\left[1-\frac{1}{2}+\frac{1}{3}-\frac{1}{4}+\cdots\right]$$

利用下面的展开式

$$\ln(1+x)=x-\frac{x^2}{2}+\frac{x^3}{3}-\frac{x^4}{4}+\cdots$$

计算这个级数之和。令 $x=1$，则有

$$1-\frac{1}{2}+\frac{1}{3}-\frac{1}{4}+\cdots=\ln(1+1)=\ln 2$$

于是一维离子链的马德隆常数为 $2\ln 2$。

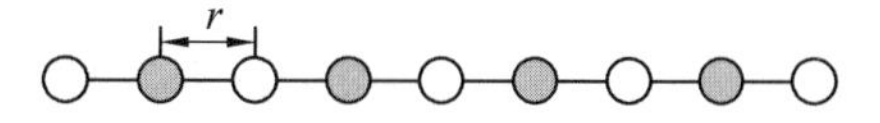

图 4.15 正负离子相间排列离子链示意图

思考题与习题

1. 解释以下概念：

电离能、电子亲和能、电负性、结合能、共价键、共价晶体、离子键和离子晶体、金属键、金属晶体、分子晶体、氢键、雷纳德－琼斯势、马德隆常数。

2. 是否有与库仑力无关的晶体结合类型？

3. 晶体的结合能、晶体的内能、原子间的相互作用势能有何区别？

4. 原子间的排斥作用和吸引作用有何关系？起主导作用的是什么？

5. 共价结合为什么有饱和性和方向性？

6. 用埃夫琴方法计算二维正方离子（正负两种）格子的马德隆常数。

7. 不同化学键中价电子的转移情况各有什么特点？

8. 只计及最近邻间的排斥作用，一离子晶体间的互作用势为

$$u(r)=\begin{cases}\lambda e^{-R/\rho}-\dfrac{e^2}{R}\\[2ex] \pm\dfrac{e^2}{r}\end{cases}$$

式中 λ、ρ—— 常数；

R—— 最近邻距离。

求：晶体平衡时，原子间总的互作用势。

9. 雷纳德－琼斯势为

$$u(r)=4\varepsilon\left[\left(\frac{\sigma}{r}\right)^{12}-\left(\frac{\sigma}{r}\right)^{16}\right]$$

证明：$r=1.12\sigma$，势能最小，且 $u(r)=-\varepsilon$；当 $r=\sigma$，势能最小，$u(r)=0$。请说明 ε、σ 的物理意义。

第5章　晶格振动与晶体热学性质

本章主要研究离子实或原子在晶格平衡位置上做振动的规律。格点,实际是原子的平衡位置。原子无时无刻不在其平衡位置做微小振动,图5.1所示为一维晶格原子振动的例子。原子间存在相互作用,它们的振动相互关联,在晶体中形成格波。在简谐近似的条件下,格波是由简正振动模式构成的,各简正振动模式是独立的。简正振动可用简谐振子来描述,谐振子的能量称为声子。晶格振动可用声子系统来概括。晶格振动决定了晶体的宏观热学性质,晶格振动理论也是研究晶体的电学性质、光学性质、超导等的重要理论基础。本章首先从最简单的一维晶格出发,说明晶格振动的基本性质,然后推广到三维情况并引入声子概念,最后讨论晶体的热学性质。

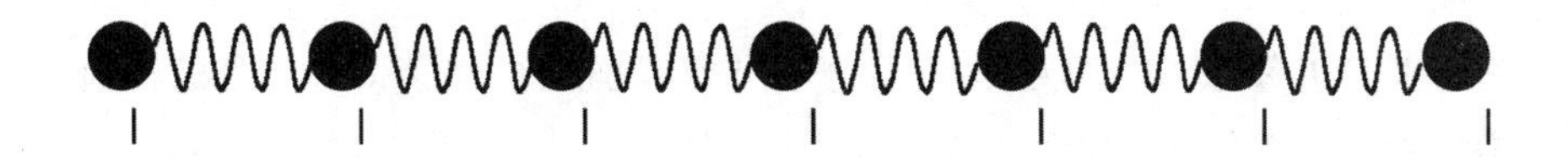

图5.1　一维晶格原子振动

5.1　一维晶格的振动

尽管晶体中原子的平衡位置具有周期性,但由于原子数目极大,原子与原子间存在相互作用,任一原子的位移至少与相邻原子、次近邻原子的位移有关。一维振动是最简单的一种振动。为简化起见,现讨论一维原子链的振动。

5.1.1　简谐近似

设一维晶格是由质量为 m 的全同原子构成,相邻原子平衡位置的间距,即晶格常数为 a,用 u_n 表示序号为 n 的原子在 t 时刻偏离平衡位置的位移,如图5.2所示。

当晶格振动时,两原子间的距离 r 是时间的变量。序号 n 和 $n-1$ 的两原子在时刻 t 的距离为

$$r = a + u_{n+1} - u_n \tag{5.1}$$

互作用势 $U(r)$ 也是时间的函数。设两原子间的互作用势为 $U(r)$,这两原子间的互作用力为

$$f = -\frac{\mathrm{d}U}{\mathrm{d}r} \tag{5.2}$$

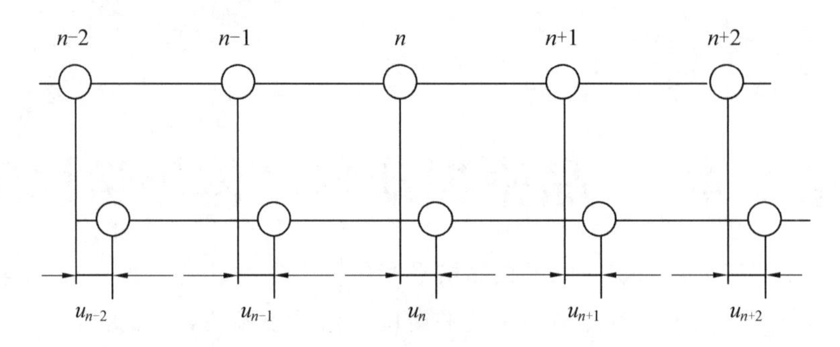

图5.2 一维简单晶格的振动

由于原子在平衡位置附近做微小振动，$U(r)$ 与 $U(a)$ 偏差不大，将 $U(r)$ 在平衡位置附近展成泰勒级数，即

$$U(r)=U(a)+\left(\frac{\mathrm{d}U}{\mathrm{d}r}\right)_a(r-a)+\frac{1}{2}\left(\frac{\mathrm{d}^2U}{\mathrm{d}r^2}\right)_a(r-a)^2+\frac{1}{6}(r-a)^3+\cdots \tag{5.3}$$

则互作用力为

$$f(r)=-\left(\frac{\mathrm{d}U}{\mathrm{d}r}\right)-\left(\frac{\mathrm{d}^2U}{\mathrm{d}r^2}\right)(r-a)-\frac{1}{2}\left(\frac{\mathrm{d}^3U}{\mathrm{d}r^3}\right)(r-a)^2+\cdots \tag{5.4}$$

只计及最近邻原子间的互作用，原子在平衡位置时的势能 $U(a)$ 取极小值，右端第一项为零。忽略掉式(5.4)非线性项小量，记

$$\beta=\left(\frac{\mathrm{d}^2U}{\mathrm{d}r^2}\right)_a \tag{5.5}$$

第 n 个原子与第 $n+1$ 个原子的互作用力为

$$f=-\beta(u_{n+1}-u_n) \tag{5.6}$$

类似于位移为 x、弹性系数为 k 的弹簧振子受的力 $f=kx$，我们称常数 β 为弹性恢复力系数，忽略掉互作用力中非线性项的近似为简谐近似。

5.1.2 振动方程与格波

第 n 个原子受到第 $n+1$ 个原子的作用力为

$$\beta(u_{n+1}-u_n) \tag{5.7}$$

$(u_{n+1}-u_n)>0$ 为向右的拉伸力，反之为向左的排斥力。

第 n 个原子受到第 $n-1$ 个原子的作用为

$$\beta(u_n-u_{n-1}) \tag{5.8}$$

$(u_n-u_{n-1})>0$ 为向左的拉伸力，反之为向右的排斥力。

在只计及近邻原子的相互作用——最近邻近似时，第 n 个原子受的力为

$$\beta(u_{n+1}-u_n)-\beta(u_n-u_{n-1})=\beta(u_{n+1}+u_{n-1}-2u_n) \tag{5.9}$$

第 n 个原子的运动方程为

$$m\frac{\mathrm{d}^2u_n}{\mathrm{d}t^2}=\beta(u_{n+1}+u_{n-1}-2u_n) \tag{5.10}$$

式(5.10) 的通解是简谐振动,即

$$u_n = A\mathrm{e}^{\mathrm{i}(qna-\omega t)} \tag{5.11}$$

式中 A—— 振幅;

ω—— 圆频率,$\omega = 2\pi f$;

qna—— 序号为 n 的原子在 $t=0$ 时刻的振动位相。

编号为 n' 的原子的位移为

$$u_{n'} = A\mathrm{e}^{\mathrm{i}(qn'a-\omega t)} = u_n \mathrm{e}^{\mathrm{i}qa(n'-n)} \tag{5.12}$$

在 $n'-n=\frac{2\pi l}{qa}$(l 为整数)时,有 $u_{n'}=u_n$,即两原子有相同的位移;在 $n'-n=\frac{(2l-1)\pi}{qa}$ 时,$u_{n'}=-u_n$,即两原子有相反的位移。

这说明,在任一时刻,原子的位移有一定的周期分布,也即原子的位移构成了波;q 实际上是波的波矢。

我们可以定义格波为:晶体中所有原子共同参与的一种频率相同的振动,不同原子间有振动位相差,这种振动以波的形式在整个晶体中传播,称为格波。图 5.3 所示为原子振动和格波的示意图。

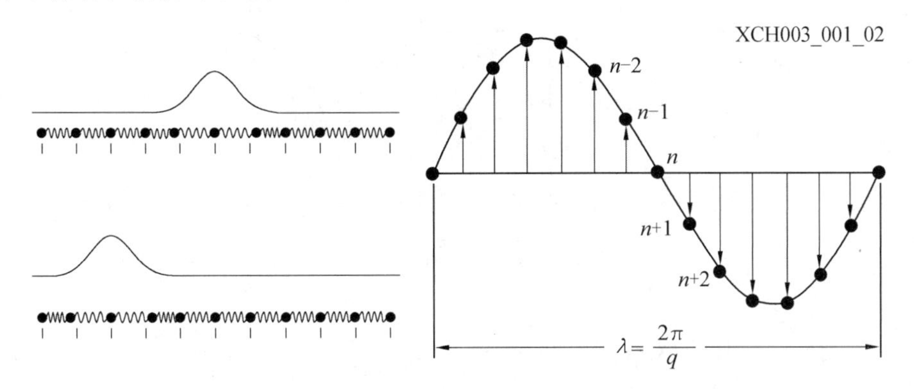

图 5.3 原子振动和格波

比较格波 $A\mathrm{e}^{-\mathrm{i}(\omega t-naq)}$ 与连续介质波 $A\mathrm{e}^{-\mathrm{i}(\omega t-xq)}$,发现二者具有相似性,格波和连续介质波具有完全类似的形式;通过对格波表达式可以看出,对于确定的 n,表示第 n 个原子的位移随时间做简谐振动;对于确定时刻 t,则是不同的原子有不同的振动位相。

通过格波的表达式,可以写出格波波长为

$$\lambda = \frac{2\pi}{q} \tag{5.13}$$

格波的波速为

$$v_{\mathrm{p}} = \frac{\omega}{q} \tag{5.14}$$

格波波矢为

$$q=\frac{2\pi}{\lambda} \tag{5.15}$$

波矢 q 的物理意义为沿波的传播方向（即沿 q 的方向）上，单位距离两点间的振动位相差。实际上描述了波的相位特性。

5.1.3 色散关系

将式(5.11)代入式(5.10)，得到

$$\omega^2=\frac{2\beta}{m}[1-\cos(qa)] \tag{5.16}$$

$$\omega=2\left(\frac{\beta}{m}\right)^{1/2}\left|\sin\left(\frac{qa}{2}\right)\right| \tag{5.17}$$

由式(5.16)和式(5.17)得到 ω 与 q 的关系，如图5.4所示。ω 与 q 的关系称为色散关系，也称振动频谱或振动谱。

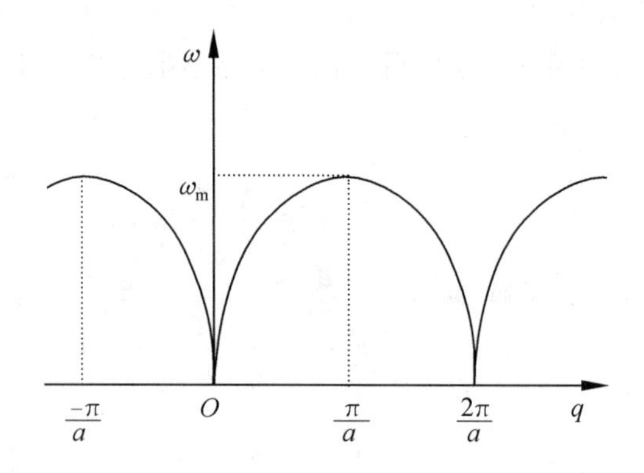

图5.4 一维单原子晶格振动的色散关系

(1) 当 $q\sim 0$ 时，即对于长波极限，有

$$\sin\left(\frac{qa}{2}\right)\approx\frac{qa}{2}$$

则波速为常数，为

$$v=\alpha\left(\frac{\beta}{m}\right)^{1/2} \tag{5.18}$$

且有

$$u_{n-1}=u_n=u_{n+1} \tag{5.19}$$

说明这时某一原子周围若干原子都以相同的振幅和位相做振动。

(2) 当 $q=\pm\pi/a$ 时，有最大的角频率

$$\omega_{\max}=2\left(\frac{\beta}{m}\right)^{1/2} \tag{5.20}$$

并且有

$$-u_{n-1}=u_n=-u_{n+1} \tag{5.21}$$

这说明此时相邻原子以相同的振幅做相对运动。

(3)qa 增加 2π 的整数倍，即波矢 q 增加倒格矢 $2\pi/a$ 的整数倍，频率 ω 没有任何变化。这说明格波的频率在波矢空间内是以倒格矢 $2\pi/a$ 为周期的周期函数。qa 增加 2π 的整数倍，三式均没有任何变化。因此 qa 可限制在如下范围：

$$-\frac{\pi}{a} < q \leqslant \frac{\pi}{a} \tag{5.22}$$

此即一维简单晶格的第一布里渊区。

(4)q 换成 $-q$，频率也没有任何变化。这说明，格波的频率在波矢空间内具有反演对称性，是关于波矢的偶函数。

(5) 设格波传播的速度为 v，由波速与频率和波矢的关系式

$$v = \frac{\omega}{q}$$

得传播速度为

$$v = \frac{\lambda}{\pi}\left(\frac{\beta}{m}\right)^{1/2}\left|\sin\left(\frac{\pi a}{\lambda}\right)\right| \tag{5.23}$$

5.1.4 周期性边界条件和波矢的取值

除了原子链两端的两个原子外，其他原子都有一个类似式(5.10) 的方程；任一个原子的运动与其相邻原子的运动有关；晶格是由 N 个原子构成，所有原子的运动方程构成了一个联立的方程组。

原子链两端原子的运动方程一共有两个，但由于这两个方程不同于为数众多的其他原子的运动方程，给联立方程组的求解带来了困难。$u_1=0$ 和 $u_N=0$ 的限制显然对时刻做微小振动的原子是不成立的。

玻恩(Born) 和卡门(Karman) 提出了一个假想的边界条件 —— 周期性边界条件。如图 5.5 所示，设想在实际晶体外，仍然有无限多个相同的晶体相连接；晶体中相对应的原子的运动情况都一样。事实上，在实际的原子链两端接上全同的原子链后，由于原子间的相互作用主要取决于近邻，所以除两端极少数原子的受力与实际情况不符外，其他绝大多数原子的运动并不受假想原子链的影响。需要指出的是，玻恩 - 卡门条件是固体物理学中的重要条件，因为许多重要理论结果的前提条件是晶格的周期性边界条件。

在玻恩 - 卡门条件下，若要满足这一周期性边界条件($u_{N+n}=u_n$)

$$u_{N+n} = A\mathrm{e}^{\mathrm{i}[q(n+N)a-\omega t]} = u_n = A\mathrm{e}^{\mathrm{i}(qna-\omega t)} \tag{5.24}$$

则需要满足

$$\mathrm{e}^{\mathrm{i}qNa} = 1 \tag{5.25}$$

$$q = \frac{2\pi l}{Na} \tag{5.26}$$

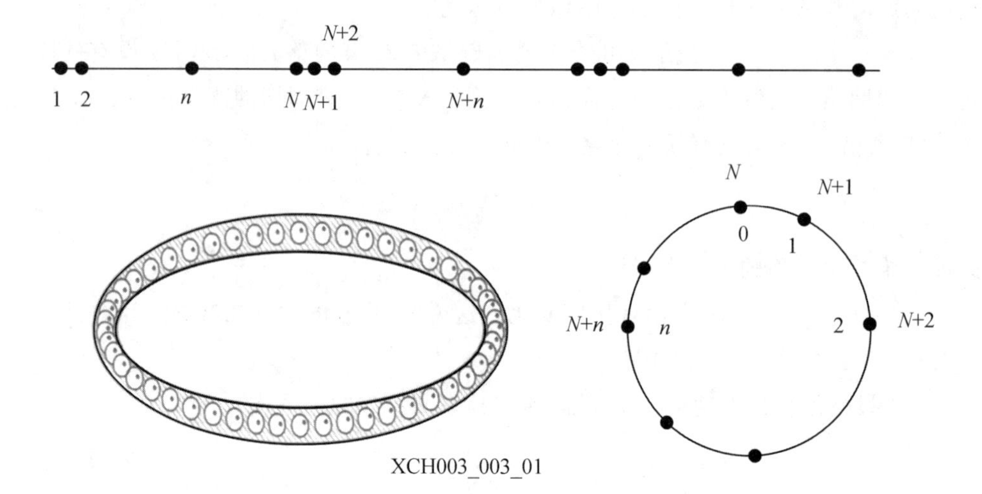

图 5.5 玻恩－卡门边界条件

式中 l—— 整数。

将式(5.26)代入式(5.22),则有

$$\frac{N}{2} < l \leqslant \frac{N}{2} \tag{5.27}$$

N 实际是晶格的原胞数目,可见由于 l 为整数,振动谱是分离谱。在周期性边界条件下允许的波矢数目等于 N,即晶格振动的波矢数目等于晶体的原胞数。

上述推导过程中所做的近似条件有:① 简谐近似,原子在平衡位置处做微小振动,两原子互作用势泰勒展开式中,只保留两次以下项,三次以上项忽略;② 只考虑最近邻相互作用;③ 周期性边界条件。

例 5.1 已知原子质量为 m,间距为 a,恢复力常数为 β 的一维简单晶格,频率为 ω 的格波 $u_n = A\cos(\omega t - qna)$,求:

(1) 该格波的总能量;

(2) 每个原子的时间平均总能量。

解 (1) 格波的总能量为各原子能量之和。其中第 n 个原子的动能为

$$\frac{1}{2}m\left(\frac{\partial u_n}{\partial t}\right)^2$$

而该原子与第 $n+1$ 个原子之间的势能为

$$\frac{1}{2}\beta(u_n - u_{n+1})^2$$

若只考虑最近邻相互作用,则格波的总能量为

$$E = \sum_n \frac{1}{2}m\left(\frac{\partial u_n}{\partial t}\right)^2 + \sum_n \frac{1}{2}\beta(u_n - u_{n+1})^2$$

将 $u_n = A\cos(\omega t - qna)$ 代入上式,得

$$E=\frac{1}{2}m\omega^2A^2\sum_n\sin^2(\omega t-qna)+\frac{1}{2}\beta A^2\sum_n 4\sin^2\left[\omega t-\frac{1}{2}(2n+1)qa\right]\sin^2\frac{qa}{2}$$

设 T 为原子振动的周期，利用$\frac{1}{T}\int_0^T\sin^2(\omega t-\varphi)\mathrm{d}t=\frac{1}{2}$ 可得

$$E=\frac{1}{2}m\omega^2A^2\sum_n\frac{1}{T}\int_0^T\sin^2(\omega t-qna)\mathrm{d}t+$$

$$\frac{1}{2}\beta A^2\sum_n 4\frac{1}{T}\int_0^T\sin^2\left[\omega t-\frac{1}{2}(2n+1)qa\right]\sin^2\frac{qa}{2}\mathrm{d}t$$

$$=\frac{1}{4}m\omega^2A^2N+\beta A^2N\sin^2\frac{qa}{2}$$

式中 N—— 原子总数。

(2) 每个原子的时间平均总能量为

$$\frac{\bar{E}}{N}=\frac{1}{4}m\omega^2A^2+\beta A^2\sin^2\frac{qa}{2}$$

再利用色散关系

$$\omega^2=\frac{2\beta}{m}[1-\cos(qa)]=\frac{4\beta}{m}\sin^2\frac{qa}{2}$$

得到每个原子的时间平均能量为

$$\frac{\bar{E}}{N}=\frac{1}{2}m\omega^2A^2$$

5.2 一维复式格子

5.2.1 色散关系和独立格波数目

所讨论的晶格是由质量分别为 m 和 M 的两种不同原子所构成的。这种晶格也可视为一维分子链，如图 5.6 所示。靠得比较近的两个原子构成一个分子。设一个分子内两原子平衡位置距离为 b；分子内两原子的力学常数为 β_1，分子间两原子的力学常数为 β_2；质量为 m 的原子编号为 $\cdots,2n-1,2n,2n+1,\cdots$；质量为 M 的原子编号为 $\cdots,2n-2,2n,2n+2,\cdots$；晶格常数为 a。

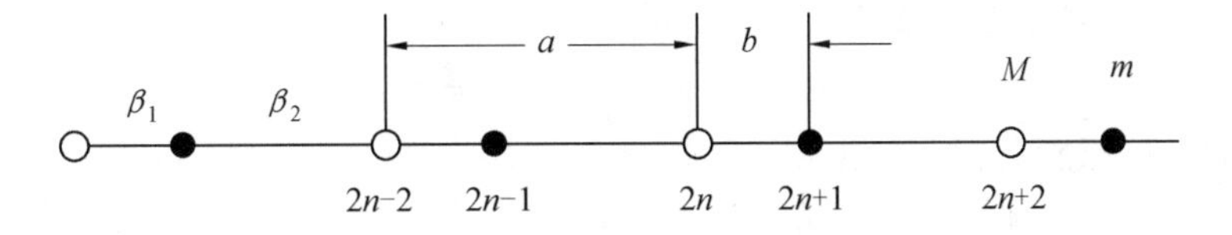

图 5.6 一维复式格子

若只考虑最近邻原子的相互作用，得到编号为 $2n$ 和 $2n+1$ 的原子的运动方程：

$$\begin{cases} M\dfrac{\mathrm{d}^2u_{2n}}{\mathrm{d}t^2}=\beta_1(u_{2n+1}-u_{2n})-\beta_2(u_{2n}-u_{2n-1}) \\ m\dfrac{\mathrm{d}^2u_{2n+1}}{\mathrm{d}t^2}=\beta_2(u_{2n+2}-u_{2n+1})-\beta_1(u_{2n+1}-u_{2n}) \end{cases} \tag{5.28}$$

设位移分别为 u_{2n} 和 u_{2n+1}，式(5.28)的通解为

$$\begin{cases} u_{2n}=A\mathrm{e}^{\mathrm{i}\left[q\left(\frac{2n}{2}\right)a-\omega t\right]}=A\mathrm{e}^{\mathrm{i}(qna-\omega t)} \\ u_{2n+1}=B'\mathrm{e}^{\mathrm{i}\left[q\left(\frac{2n}{2}\right)a+q\phi-\omega t\right]}=B\mathrm{e}^{\mathrm{i}(qna-\omega t)} \end{cases} \tag{5.29}$$

其中已将固定相位因子 $\mathrm{e}^{\mathrm{i}q\phi}$ 归并到因子 B 中，其他位移可按下列原则得出。由式(5.29)可见：① 同种原子周围情况都相同，其振幅相同；原子不同，其振幅不同。② 相隔一个晶格常数 a 的同种原子，相位差为 qa。这也是波矢的意义所在。

将式(5.29)代入式(5.28)可推得

$$\omega^2=\frac{\beta_1+\beta_2}{2mM}\left\{(m+M)\pm\left[(m+M)^2-\frac{16mM\beta_1\beta_2}{(\beta_1+\beta_2)^2}\sin^2\left(\frac{qa}{2}\right)\right]^{1/2}\right\} \tag{5.30}$$

式(5.30)说明，与一维简单格子不同，两种不同的原子构成的一维复式格子存在两种独立的格波，一种格波的频率高于另一种格波，如图5.7所示。

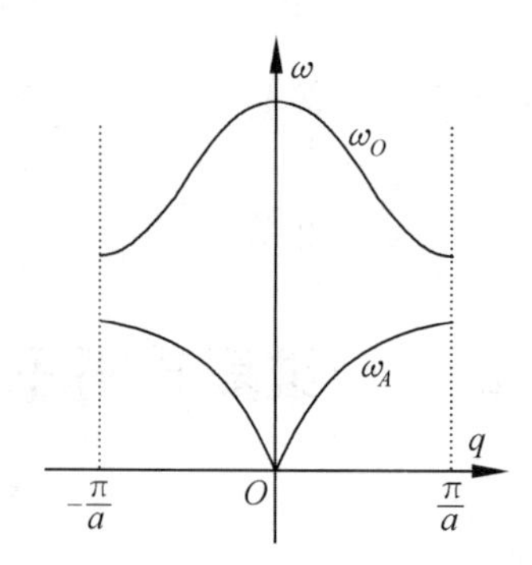

图5.7 一维双原子的频谱

有如下几点说明：

(1) 复式晶格的振动频率在波矢空间内仍具有周期性，即 $\omega(q+2\pi/a)=\omega(q)$。也就是说，当波矢 q 增加一个 $2\pi/a$，原子的位移和色散关系不变。为保持这些解的单值性，限定

$$-\frac{\pi}{a}<q\leqslant\frac{\pi}{a} \tag{5.31}$$

(2) 满足周期性边界条件(玻恩－卡门边界条件)

$$u_{2(n+N)}=A\mathrm{e}^{\mathrm{i}(qna+qNa-\omega t)}=u_{2n}=A\mathrm{e}^{\mathrm{i}(qna-\omega t)} \tag{5.32}$$

式中 N—— 原胞总数。

由式(5.32)得到

$$qNa=2\pi l \tag{5.33}$$

式中 l—— 整数。

结合式(5.31),有

$$-\frac{N}{2} < l \leqslant \frac{N}{2} \tag{5.34}$$

则晶格振动的波矢数目等于晶体的原胞数目。

(3) 波矢相同、频率不同,或频率相同、波矢不同的振动属于不同的振动模式。即 $\omega - q$ 的组合为一振动模式。对于一维双原子复式格子,一个波矢对应两个不同的频率,所以其格波模式总数为 $2N$。$2N$ 是原子总数,实质上是原子的总自由度数。晶格振动的模式数目等于原子的自由度数之和。这一结论对一维简单格子也是成立的。

5.2.2 光学格波和声学格波

考虑式(5.30),花括号内取"—"时,有

$$\omega_A^2 = \frac{\beta_1 + \beta_2}{2mM}\left\{(m+M) - \left[(m+M)^2 - \frac{16mM\beta_1\beta_2}{(\beta_1+\beta_2)^2}\sin^2\left(\frac{qa}{2}\right)\right]^{1/2}\right\} \tag{5.35}$$

当波矢 $q \to 0$ 时,有

$$\omega_A = a\sqrt{\frac{\beta_1\beta_2}{(m+M)(\beta_1+\beta_2)}}\,q \tag{5.36}$$

波速为

$$v_A = a\sqrt{\frac{\beta_1\beta_2}{(m+M)(\beta_1+\beta_2)}} \tag{5.37}$$

v_A 是一个常数。

频率与波矢成正比,波速为常数是弹性波的特点,因此可以认为长声学波为弹性波。声学波的最小频率可以为零,实际可以无限低;而最高频率为

$$\omega_{A\max} = \sqrt{\frac{\beta_1 + \beta_2}{2mM}}\left\{(m+M) - \left[(m+M)^2 - \frac{16mM\beta_1\beta_2}{(\beta_1+\beta_2)^2}\sin^2\left(\frac{qa}{2}\right)\right]^{1/2}\right\}^{1/2} \tag{5.38}$$

对于声学波,得两种原子的振幅之比为

$$\frac{B}{A} = \frac{\beta_1 + \beta_2 e^{iqa}}{\beta_1 + \beta_2 - m\omega_A^2} \tag{5.39}$$

当 $q \sim 0$ 时,$\omega_A \sim 0$,$(B/A) \sim 1$,两原子的位移变成

$$u_{2n} = u_{2n+1} \tag{5.40}$$

这说明,对于长声学波,相邻原子的位移相同,原胞内的不同原子以相同的振幅和位相做整体运动,如图 5.8 所示。因此,可以说,长声学波描述的是原胞的刚性运动,代表了原胞质心的运动。声学波的物理图像可以认为是:原胞中的两种原子的振动位相基本相同,原胞基本上是作为一个整体振动,而原胞中两种原子基本上无相对振动。

对另一支波,称为光学格波,则有

$$\omega_O^2 = \frac{\beta_1 + \beta_2}{2mM}\left\{(m+M) + \left[(m+M)^2 - \frac{16mM\beta_1\beta_2}{(\beta_1+\beta_2)^2}\sin^2\left(\frac{qa}{2}\right)\right]^{1/2}\right\} \tag{5.41}$$

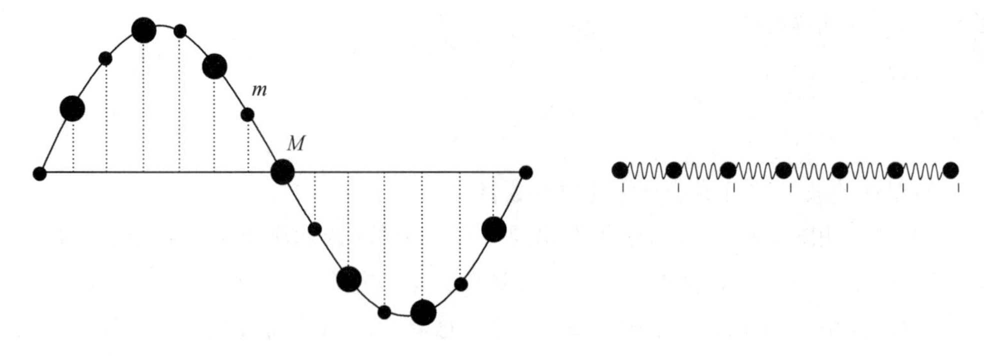

图 5.8 声学支

进而得到

$$\omega_{O\min}^2=\frac{\beta_1+\beta_2}{2mM}\left\{(m+M)+\left[(m+M)^2-\frac{16mM\beta_1\beta_2}{(\beta_1+\beta_2)^2}\right]^{1/2}\right\} \tag{5.42}$$

可见,光学格波的频率处于光波频率范围,大约处于远红外波段。离子晶体能吸收红外光产生光学格波共振,这是光谱学中的一个重要效应。

对于光学格波,两种原子的振幅之比为

$$\frac{B}{A}=\frac{\beta_1+\beta_2-M\omega_O^2}{\beta_1+\beta_2 e^{-iqa}} \tag{5.43}$$

对于长光学波,$q\to 0$ 时得

$$\omega_O^2\to\frac{(\beta_1+\beta_2)(m+M)}{mM} \tag{5.44}$$

于是有

$$\frac{B}{A}\to-\frac{M}{m},\quad 或\ AM+Bm=0 \tag{5.45}$$

式(5.45)说明,在上述模式的振动中,质心保持不动。原胞中不同原子做相对振动,质量大的振幅小,质量小的振幅大,长光学波可以看作是保持原胞质心不动的一种振动。

光学波的物理图像为:原胞中两种不同原子的振动位相基本上相反,即原胞中的两种原子基本上做相对振动,而原胞的质心基本保持不动,如图5.9所示。

综上,图5.10、图5.11所示为长声学波和光学波的物理图像。

例 5.2 对于NaCl晶体,已知其恢复力常数 $\beta=1.5\times10^{-1}$ N/m。试求NaCl晶体中格波光学支的最高频率 $\omega_{O\max}$。已知Cl和Na相对原子质量分别为35.5、23.0。

解 因一维双原子晶体的色散关系为

$$\omega^2=\frac{\beta_1+\beta_2}{2mM}\left\{(m+M)\pm\left[(m+M)^2-\frac{16mM\beta_1\beta_2}{(\beta_1+\beta_2)^2}\sin^2\left(\frac{qa}{2}\right)\right]^{1/2}\right\}$$

在本题中,M、m 分别代表组成晶链的链种原子Cl、Na的质量;当括号内取"+"时代表光学支,取"−"号时代表声学支,$\beta_1=\beta_2=\beta$。

光学支的最大频率对应于 $q=0$:

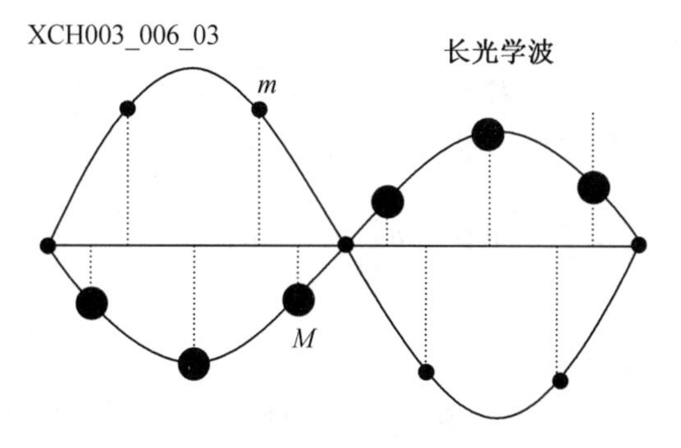

图 5.9　光学支图像

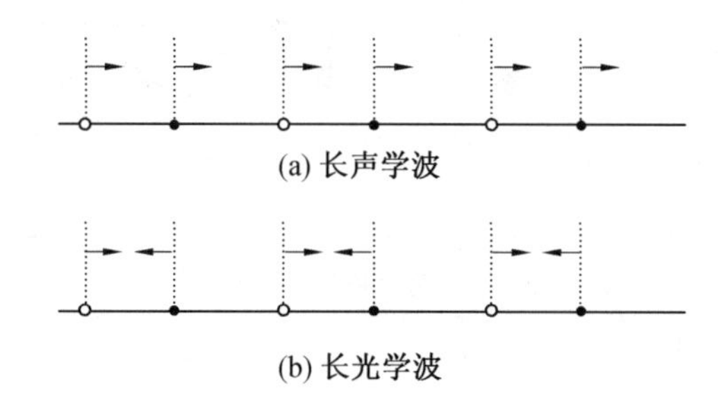

图 5.10　长声学波和长光学波的物理图像

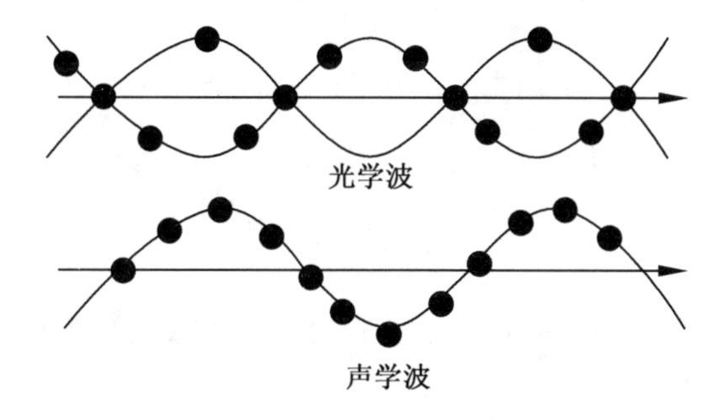

图 5.11　声学波和光学波的物理图像

$$\omega_{\mathrm{Omax}}=\left[2\beta\left(\frac{1}{m}+\frac{1}{M}\right)\right]^{1/2}\approx 3.60\times 10^{13}(\mathrm{rad/s})$$

5.3　三维晶格的振动

三维晶格振动是极其复杂的问题,难以得到晶格振动的近似解。但我们仍可对比一维复式格子,得出三维晶格振动的形式解,进而得到晶格振动的普遍规律。

设晶体原胞的基矢为 $\boldsymbol{a}_1$、$\boldsymbol{a}_2$、$\boldsymbol{a}_3$,沿基矢方向晶体各有 N_1、N_2 和 N_3 个原胞,即晶体一共有 $N=N_1N_2N_3$ 个原胞,晶体是由 n 种不同原子构成,原子的质量为 m_1、m_2 和 m_3 等,每个原胞中 n 个不同原子平衡位置的相对坐标为 $\boldsymbol{r}_1$、$\boldsymbol{r}_2$、$\boldsymbol{r}_3$ 等,原子位置如图 5.12 所示。

设顶点的位置矢量为

$$\boldsymbol{R}_l = l_1\boldsymbol{a}_1 + l_2\boldsymbol{a}_2 + l_3\boldsymbol{a}_3 \tag{5.46}$$

原胞中 n 个原子在 t 时刻偏离其平衡位置的位移为

$$\boldsymbol{u}\begin{pmatrix} l \\ 1 \end{pmatrix}, \boldsymbol{u}\begin{pmatrix} l \\ 2 \end{pmatrix}, \cdots, \boldsymbol{u}\begin{pmatrix} l \\ n \end{pmatrix} \tag{5.47}$$

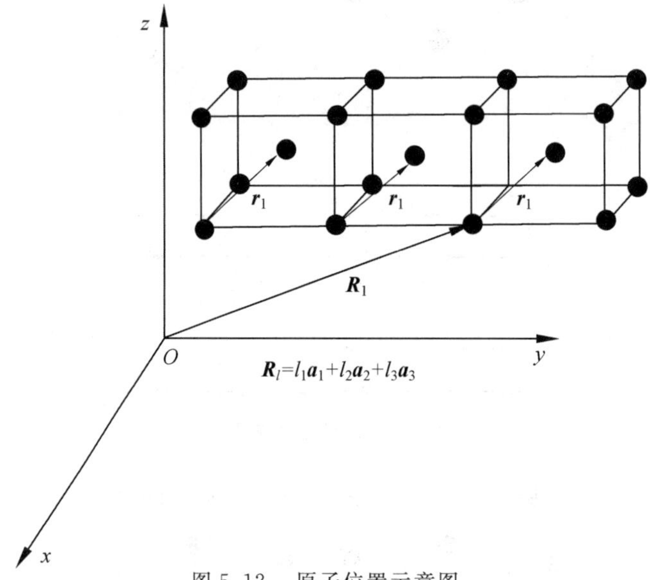

图 5.12 原子位置示意图

第 p 个原子在 a(若直角坐标,$a=x$, y, z) 方向的运动方程则为

$$m_p\ddot{u}_a\begin{pmatrix} l \\ p \end{pmatrix} = \cdots \tag{5.48}$$

在简谐近似下,式(5.48) 的右端是位移的线性代数式。类似于一维晶格振动的解,方程的解的形式为

$$\boldsymbol{u}\begin{pmatrix} l \\ p \end{pmatrix} = A'_p \mathrm{e}^{\mathrm{i}[(\boldsymbol{R}_l+\boldsymbol{r}_p)\cdot\boldsymbol{q}-\omega t]} = A_p \mathrm{e}^{\mathrm{i}[\boldsymbol{R}_l\cdot\boldsymbol{q}-\omega t]} \tag{5.49}$$

因为 $\boldsymbol{q}$ 一定,$\boldsymbol{q}\cdot\boldsymbol{r}_p$ 相位是定值,则 $\mathrm{e}^{\mathrm{i}\boldsymbol{q}\cdot\boldsymbol{r}_p}$ 可以归并到振幅 A 中。

式(5.49) 的分量表示式为

$$\boldsymbol{u}\begin{pmatrix} l \\ p \end{pmatrix} = A_{pa}\mathrm{e}^{\mathrm{i}(\boldsymbol{q}\cdot\boldsymbol{R}_l-\omega t)} \tag{5.50}$$

因为振幅 A 一共有 $3n$ 个,式(5.50) 代入式(5.48) 中,得到 $3n$ 个如下的线性齐次联立方程:

$$-m_p\omega^2 A_{pa} = \cdots \tag{5.51}$$

可解出 $3n$ 个实根。其中有 3 个实根,当波矢趋于 0 时,有

$$\omega_{Ai} = v_{Ai}(\boldsymbol{q})q \quad (i=1,2,3) \tag{5.52}$$

式中 $v_{Ai}(\boldsymbol{q})$——$\boldsymbol{q}$ 方向传播的弹性波的速度,是一常数。

且此时

$$A_{1a}=A_{2a}=\cdots=A_{na} \tag{5.53}$$

即原胞做刚性运动，原胞中原子的相对位置不变，这三支格波称为声学波。其余的 $(3n-3)$ 支格波的频率比声学波的最高频率还高，称为光学波。

根据周期性边界条件的限制

$$\begin{cases}\boldsymbol{u}\begin{pmatrix} l \\ p \end{pmatrix}=\boldsymbol{u}\begin{pmatrix} l_1,l_2,l_3 \\ p \end{pmatrix}=\boldsymbol{u}\begin{pmatrix} l_1+N_1,l_2,l_3 \\ p \end{pmatrix} \\ \boldsymbol{u}\begin{pmatrix} l \\ p \end{pmatrix}=\boldsymbol{u}\begin{pmatrix} l_1,l_2,l_3 \\ p \end{pmatrix}=\boldsymbol{u}\begin{pmatrix} l_1,l_2+N_2,l_3 \\ p \end{pmatrix} \\ \boldsymbol{u}\begin{pmatrix} l \\ p \end{pmatrix}=\boldsymbol{u}\begin{pmatrix} l_1,l_2,l_3 \\ p \end{pmatrix}=\boldsymbol{u}\begin{pmatrix} l_1,l_2,l_3+N_3 \\ p \end{pmatrix}\end{cases} \tag{5.54}$$

进而推导出

$$\begin{cases}e^{1(\boldsymbol{q}\cdot\boldsymbol{R}_l-\omega t)}=e^{1(\boldsymbol{q}\cdot\boldsymbol{R}_l+\boldsymbol{q}\cdot N_1\boldsymbol{a}_1-\omega t)} \\ e^{1(\boldsymbol{q}\cdot\boldsymbol{R}_l-\omega t)}=e^{1(\boldsymbol{q}\cdot\boldsymbol{R}_l+\boldsymbol{q}\cdot N_2\boldsymbol{a}_2-\omega t)} \\ e^{1(\boldsymbol{q}\cdot\boldsymbol{R}_l-\omega t)}=e^{1(\boldsymbol{q}\cdot\boldsymbol{R}_l+\boldsymbol{q}\cdot N_3\boldsymbol{a}_3-\omega t)}\end{cases} \tag{5.55}$$

若式(5.55)成立，则需要

$$\begin{cases}\boldsymbol{q}\cdot N_1\boldsymbol{a}_1=2\pi h_1 \\ \boldsymbol{q}\cdot N_2\boldsymbol{a}_2=2\pi h_2 \\ \boldsymbol{q}\cdot N_3\boldsymbol{a}_3=2\pi h_3\end{cases} \tag{5.56}$$

式中 h_1、h_2、h_3—— 整数。

波矢 $\boldsymbol{q}$ 可以写为式(5.57)，具有倒格矢的量纲：

$$\boldsymbol{q}=\frac{h_1}{N_1}\boldsymbol{b}_1+\frac{h_2}{N_2}\boldsymbol{b}_2+\frac{h_3}{N_3}\boldsymbol{b}_3 \tag{5.57}$$

式中 $\boldsymbol{b}_1$、$\boldsymbol{b}_2$ 和 $\boldsymbol{b}_3$—— 倒格基矢。

从式(5.57)可知，三维格波的波矢也不是连续的，而是分立的，波矢的点阵具有周期性，最小的重复单元的体积为

$$\frac{\boldsymbol{b}_1}{N_1}\cdot\left(\frac{\boldsymbol{b}_2}{N_2}\times\frac{\boldsymbol{b}_3}{N_3}\right)=\frac{\Omega^*}{N}=\frac{(2\pi)^3}{N\Omega}=\frac{(2\pi)^3}{V_c} \tag{5.58}$$

式中 Ω^*、Ω 和 V_c—— 倒格原胞体积、正格原胞体积和晶体体积。

一个重复单元对应一个波矢点，单位波矢空间内的波矢数目，即波矢密度为

$$\frac{1}{\frac{(2\pi)^3}{V_c}}=\frac{V_c}{(2\pi)^3} \tag{5.59}$$

我们注意到，波矢 $\boldsymbol{q}$ 增加一个倒格矢。

$\boldsymbol{G}_m=m_1\boldsymbol{b}_1+m_2\boldsymbol{b}_1+m_3\boldsymbol{b}_3$ 时，m_1、m_2 和 m_3 为整数，原子的位移形式保持不变。为保持格波解的单值性，通常将波矢 $\boldsymbol{q}$ 的取值限制在一个倒格原胞范围内。此区间称为简约布里渊区。因此，波矢可取的数目为

$$\Omega^*\cdot\frac{V_c}{(2\pi)^3}=\frac{\Omega^* N\Omega}{(2\pi)^3}=N \tag{5.60}$$

对于每一个波矢 $\boldsymbol{q}$，对应3个声学波，$(3n-3)$个光学波。晶格振动的模式数为

$$N\times 3+N\times(3n-3)=3nN \tag{5.61}$$

注意到 nN 是原子总数，$3nN$ 是所有原子的自由度数之和。可见，晶格振动的波矢数目等于晶体的原胞数；格波振动模式数目等于晶体中所有原子的自由度数之和，为 $3nN$ 个；色散关系共有 $3n$ 个，即共有 $3n$ 支格波，声学波3个，光学波 $3n-3$ 个。

例5.3 金刚石结构，每个原胞中有两个原子，设有50个原胞，则在振动频谱中有 $3\times 2=6$ 种色散关系，即共有6支格波；$\boldsymbol{q}$ 在第一布里渊区共有50个取值；则共有振动模式 $3\times 2\times 50=300$ 个。

图5.13、图5.14所示为几种具体材料的格波谱。

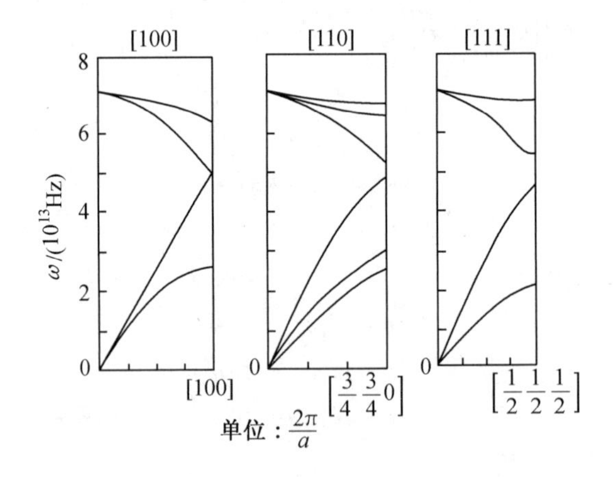

(a) 金刚石的格波谱

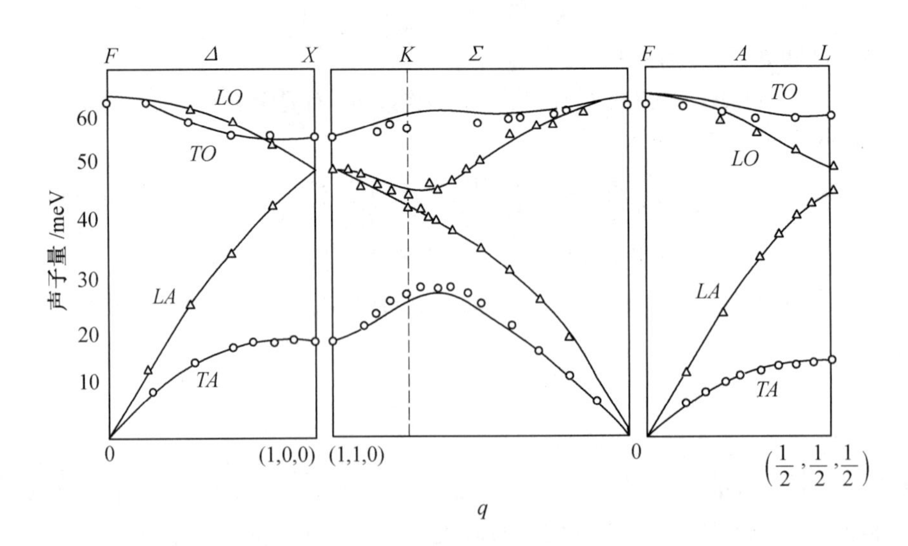

(b) 硅的格波谱

图5.13 金刚石和硅的格波谱

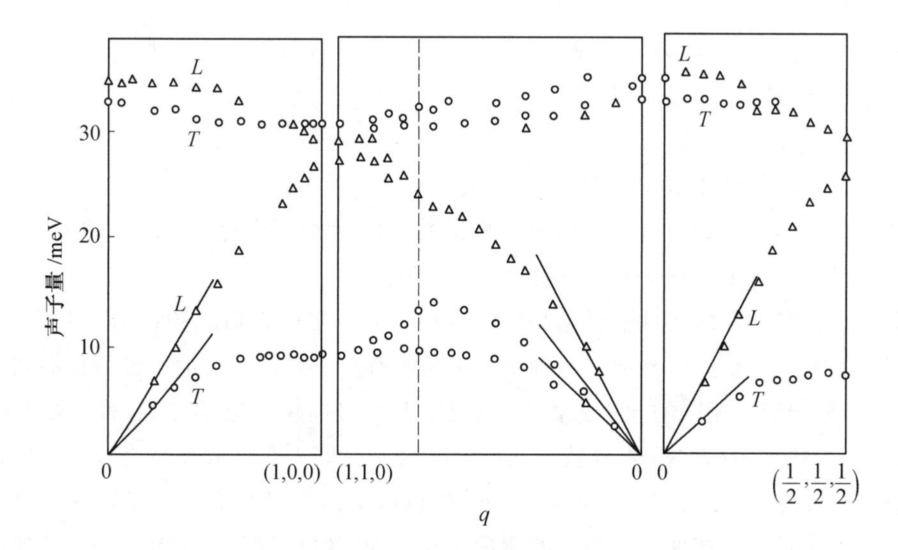

图 5.14 GaAs 的格波谱

5.4 声 子

首先复习一下机械谐振子的概念,如图 5.15 所示。

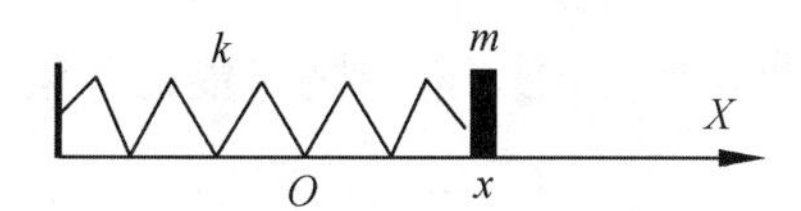

图 5.15 机械谐振子示意图

质量为 m 的物体受力为

$$f = ma \tag{5.62}$$

有

$$-kx = m\ddot{x} \tag{5.63}$$

$$\ddot{x} + \frac{k}{m}x = 0 \tag{5.64}$$

设 $\omega^2 = k/m$,则式(5.64) 可以变为

$$\ddot{x} + \omega^2 x = 0 \tag{5.65}$$

式(5.65) 是典型的谐振子方程。用量子力学处理谐振子,可以得到谐振子的能量是量子化的。

关于晶格振动,如果采用另外一种坐标(简正坐标 Q)进行分析力学处理,对每一种振动模式,可以得到用新坐标表示的运动方程。在这里不做推导,只借用其基本结论。

$$\ddot{Q}_i + \omega^2 Q_i = 0 \quad (i = 1,2,3,\cdots,3N) \tag{5.66}$$

式中 Q—— 采用的新的坐标；

N—— 原子总数；

$3N$—— 振动模式的总数。

式(5.66)和式(5.65)做对比，可以看出晶体内原子在平衡位置附近的振动，可近似看成是 $3N$ 个独立的谐振子振动的线性叠加。

我们在简谐近似的条件下讨论晶格的振动。原子之间近似以弹性力相互作用，形成了一系列相互独立的格波。每种格波都是所有原子共同参与的一种简正振动模式(每一个原子都以相同的频率做振动，这是最基本最简单的振动方式，称为格波的简正振动)。独立的格波总数与晶体总自由度相等。第 j 支色散关系为 $\omega_j(\boldsymbol{q})$ 的格波，其能量 $E_j(\boldsymbol{q})$ 可以写成具有频率 $\omega_j(\boldsymbol{q})$ 的谐振子的能量的形式。于是晶格振动的总能量便表示为所有独立谐振子的能量之和。进而根据量子力学对谐振子的处理可以得出晶格振动能量是量子化的重要结论。

求解谐振子的运动方程，得到频率为 ω_i 的谐振子的振动能，可能有几种状态，每种状态有一定的概率分布，这是量子力学的基本结论。经计算得到能量为

$$\varepsilon_i = (n_i + \frac{1}{2})\hbar\omega_i \tag{5.67}$$

式中 n_i——0,1,2,…,N 等整数。

图5.16所示为频率为 ω_i 的谐振子具有的可能的能量状态。

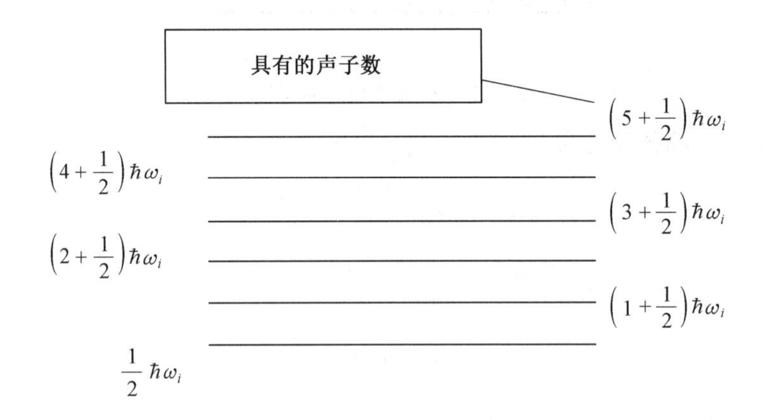

图5.16 频率为 ω_i 的谐振子具有的可能的能量状态

晶格振动可以看作是 $3N$ 个独立谐振子的振动。因此，晶格振动能是这些谐振子振动的总能量之和，即

$$E = \sum_{i=1}^{3N}\left(n_i + \frac{1}{2}\right)\hbar\omega_i \quad (i = 1,2,\cdots) \tag{5.68}$$

式(5.68)说明，晶格的振动能量是量子化的，能量的增减以 $\hbar\omega_i$ 计量。人们赋予 $\hbar\omega_i$ 一个假想的携带者 —— 声子。声子是晶格振动能量的量子。

一个格波，也就是一种振动模，称为一种声子。当一种振动模处于$\left(n_i+\dfrac{1}{2}\right)\hbar\omega_i$时，称有 n_i 个声子。简正模式的数目等于原子振动的总自由度数，也即等于声子的“种类数”。晶格振动等价于 $3N$ 个独立谐振子的振动，因此，晶格振动能是这些谐振子振动能量的总和，$3N$ 为总自由度数。

人们称声子为准粒子，$\hbar\boldsymbol{q}$ 为声子的准动量。声子是虚设的，它并不携带真实的动量。声子的另一个特性是等价性，指波矢为 $\boldsymbol{q}$ 的声子和波矢为 $\boldsymbol{q}+\boldsymbol{G}_{\mathrm{m}}$ 的声子是等效的，$\boldsymbol{G}_{\mathrm{m}}$ 为倒格矢。

振动能的高低取决于 ① 声子的数目；② 能量大的声子数目多少。温度一定，频率为 ω 的谐振子，平均声子数为

$$n(\omega)=\frac{\sum\limits_{n=0}^{\infty}n\mathrm{e}^{-n\hbar\omega/k_{\mathrm{B}}T}}{\sum\limits_{n=0}^{\infty}\mathrm{e}^{-n\hbar\omega/k_{\mathrm{B}}T}} \tag{5.69}$$

设 $x=\dfrac{\hbar\omega}{k_{\mathrm{B}}T}$，有

$$\begin{aligned}n(\omega)&=\frac{\sum\limits_{n=0}^{\infty}n\mathrm{e}^{-nx}}{\sum\limits_{n=0}^{\infty}\mathrm{e}^{-nx}}=-\frac{\mathrm{d}}{\mathrm{d}x}\ln\left(\sum_{n=0}^{\infty}\mathrm{e}^{-nx}\right)=-\frac{\mathrm{d}}{\mathrm{d}x}\ln\left(\frac{1}{1-\mathrm{e}^{-x}}\right)\\&=\frac{1}{\mathrm{e}^{x}-1}=\frac{1}{\mathrm{e}^{\hbar\omega/k_{\mathrm{B}}T}-1}\end{aligned} \tag{5.70}$$

当 $T=0$ K 时，$n(\omega)=0$，这说明 $T>0$ K 时才有声子；另一方面，在高温时：

$$\begin{cases}\mathrm{e}^{\hbar\omega/k_{\mathrm{B}}T}\approx 1+\dfrac{\hbar\omega}{k_{\mathrm{B}}T}\\ n(\omega)\approx\dfrac{k_{\mathrm{B}}T}{\hbar\omega}\end{cases} \tag{5.71}$$

说明这时平均声子数与温度成正比，与频率成反比。温度一定，频率低的格波的声子数比频率高的格波的声子数要多。在很低温时绝大部分声子的能量小于 $10k_{\mathrm{B}}T$。

5.5 晶格振动模式密度

引入模式密度 $D(\omega)$，定义为单位频率区间的格波振动模式数目，即单位频率区间内的声子种类的数目。

$$D(\omega)=\lim_{\Delta\omega\to 0}\frac{\Delta Z}{\Delta\omega}=\frac{\mathrm{d}Z}{\mathrm{d}\omega} \tag{5.72}$$

则有

$$\int_0^{\omega_m} D(\omega)\mathrm{d}\omega = 3N \tag{5.73}$$

式中 ω_m—— 最高频率,又称截止频率。

因为频率是波矢的函数,可在波矢空间内求出模式密度的表达式。因为同一个波矢可对应不同的几支格波,考虑其中的一支。在此情况下,ω 到 $\omega+\mathrm{d}\omega$ 区间的波矢数目就等于模式数目。

在波矢空间内取两个等频面 ω 到 $\omega+\mathrm{d}\omega$,在两等频面间取一体积元 $\mathrm{d}q_\perp \mathrm{d}S$,$\mathrm{d}q_\perp$ 是等频面间垂直距离;$\mathrm{d}S$ 是体积元在等频面上的面积,如图 5.17 所示。此体积元内的波矢数目,也即模式数目为

$$\mathrm{d}Z' = \frac{V_c}{(2\pi)^3}\mathrm{d}q_\perp \ \mathrm{d}S \tag{5.74}$$

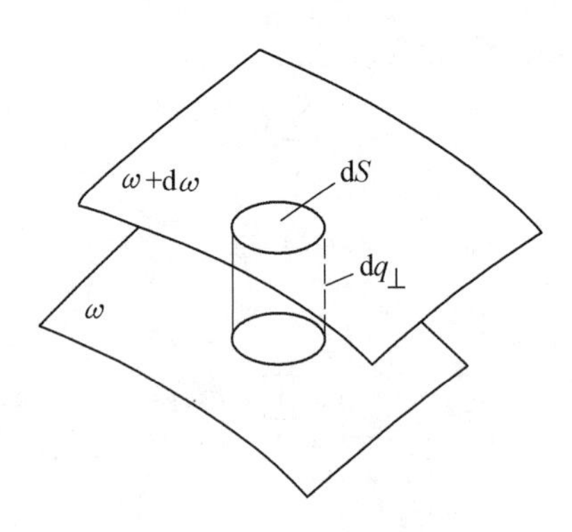

图 5.17 波矢空间内的等频面

根据梯度的定义可知

$$\mathrm{d}\omega = |\nabla_q \omega| \mathrm{d}q_\perp \tag{5.75}$$

对两等频面间体积进行积分,结合式(5.75)得到两等频面间的模式数目为

$$\mathrm{d}Z = \frac{V_c}{(2\pi)^3}\int \frac{\mathrm{d}S\mathrm{d}\omega}{|\nabla_q \omega|} \tag{5.76}$$

这支格波的模式密度为 $D(\omega)$,则由式(5.76)得

$$D(\omega) = \frac{\mathrm{d}Z}{\mathrm{d}\omega} = \frac{V_c}{(2\pi)^3}\int \frac{\mathrm{d}S}{|\nabla_q \omega|} \tag{5.77}$$

式中,积分限于一等频面。

将 $3n$ 支格波都考虑在内,总的模式密度为

$$D(\omega) = \frac{V_c}{(2\pi)^3}\sum_{a=1}^{3n}\int \frac{\mathrm{d}S_a}{|\nabla_q \omega|} \tag{5.78}$$

式中 a—— 第 a 支格波;

S_a—— 第 a 支格波的等频面。

当然,对于简单的情况,可以直接求模式密度。下面举几个得到模式密度 $D(\omega)$

解析表达式的简单例子。

(1) 一维单原子链的模式密度。

对于一维情况，q 空间的波矢密度为 $L/2\pi$，$L=Na$ 为单原子链的长度，a 为原子间距，N 为原子数目。则在 q 空间内振动模式的数量为$(L/2\pi)\mathrm{d}q$，$\mathrm{d}\omega$ 频率间隔内的振动模式的数量为

$$\mathrm{d}Z = 2\times\frac{L}{2\pi}\mathrm{d}q = 2\times\frac{L}{2\pi}\frac{\mathrm{d}q}{\mathrm{d}\omega}\mathrm{d}\omega \tag{5.79}$$

右侧的因子 2 来源于 $\omega(q)$ 具有中心反演对称，$q>0$ 和 $q<0$ 是完全等价的。有

$$D(\omega)=\frac{\mathrm{d}Z}{\mathrm{d}\omega}=\frac{L}{\pi}\frac{1}{\dfrac{\mathrm{d}\omega}{\mathrm{d}q}} \tag{5.80}$$

对于一维单原子链，只计入最近邻原子之间的相互作用，由色散关系式(5.17)，代入可得一维单原子链模式密度为

$$D(\omega)=\frac{2N}{\pi}(\omega_{\mathrm{m}}^2-\omega^2)^{-\frac{1}{2}} \tag{5.81}$$

式中

$$\omega_{\mathrm{m}}=2\left(\frac{\beta}{m}\right)^{1/2} \tag{5.82}$$

(2) 设色散关系为 $\omega=cq^2$，分析三维和二维、一维情况下的模式密度。

① 对于三维情况，由 $\omega=cq^2$ 得，$\boldsymbol{q}$ 空间等频面为球形，半径为

$$q=\sqrt{\frac{\omega}{c}} \tag{5.83}$$

在球面上

$$|\nabla_q\omega(\boldsymbol{q})|=\left|\frac{\mathrm{d}\omega}{\mathrm{d}q}\right|=2cq=2c\sqrt{\frac{\omega}{c}} \tag{5.84}$$

是一个常数，球面积分为$\int\mathrm{d}S=4\pi q^2$，因此

$$\begin{aligned}D(\omega)&=\frac{V}{(2\pi)^3}\int\frac{\mathrm{d}S}{|\nabla_q(\omega)|}=\frac{V}{(2\pi)^3}\int\frac{\mathrm{d}S}{2cq}=\frac{V}{(2\pi)^3}\frac{1}{2cq}\int\mathrm{d}S\\&=\frac{V}{(2\pi)^3}\frac{1}{2cq}4\pi q^2=\frac{V}{(2\pi)^2}\frac{1}{c^{3/2}}\omega^{1/2}\end{aligned} \tag{5.85}$$

② 对于二维情况，$\boldsymbol{q}$ 空间也约化为二维空间，等频面为一个圆，半径为 $q=\sqrt{\dfrac{\omega}{c}}$。

二维情况下 $\boldsymbol{q}$ 空间中的密度为 $S/(2\pi)^2$，S 为二维晶格的面积。

$$|\nabla_q\omega(q)|=\left|\frac{\mathrm{d}\omega}{\mathrm{d}q}\right|=2cq=2c\sqrt{\frac{\omega}{c}} \tag{5.86}$$

$$\int\mathrm{d}L=2\pi q \tag{5.87}$$

二维情况下的模式密度为

$$\begin{aligned}D(\omega)&=\frac{S}{(2\pi)^2}\int\frac{\mathrm{d}L}{|\nabla_q(\omega)|}=\frac{S}{(2\pi)^2}\int\frac{\mathrm{d}L}{2cq}=\frac{S}{(2\pi)^2}\frac{1}{2cq}\int\mathrm{d}L\\&=\frac{S}{(2\pi)^2}\frac{1}{2cq}2\pi q=\frac{S}{4\pi c}\end{aligned} \tag{5.88}$$

③ 一维情况模式密度。在一维情况下,q 空间有两个等频点 $+q$ 和 $-q$。可以得到

$$D(\omega)=\frac{L}{(2\pi)}\int\frac{\mathrm{d}q}{|\nabla_q(\omega)|}=\frac{L}{(2\pi)}\int\frac{\mathrm{d}q}{2cq}=\frac{L}{(2\pi)}\frac{1}{2cq}\int\mathrm{d}q$$
$$=\frac{L}{2\pi}\frac{1}{2cq}2=\frac{L}{2\pi\sqrt{c\omega}} \tag{5.89}$$

可见,在色散关系 $\omega=cq^2$ 时,在三维、二维和一维情况下,模式密度分别与频率的 1/2、0 和 $-1/2$ 次方成正比例。

5.6 晶格振动热容理论

根据热容的定义,有

$$C_V=\left(\frac{\partial E}{\partial T}\right)_V \tag{5.90}$$

对于固体,内能 E 由两部分构成:一部分内能与温度无关,另一部分内能与温度有关。原子在平衡位置时相互作用势能在简谐近似下与温度无关,这一部分内能对热容量无贡献。对热容有贡献的是依赖温度的内能。绝缘体与温度有关的内能就是晶格的振动能量;对于金属,与温度有关的内能由两部分构成:一部分是晶格振动能,另一部分是价电子的热动能。当温度不太低时,电子对热容的贡献可忽略。本章只讨论晶格振动对热容的贡献。

按照经典的能量均分定理,每个自由度的平均能量是 k_BT ,一半是平均动能,另一半是平均势能,k_B 是玻耳兹曼常数。若固体有 N 个原子,总的自由度为 $3N$,总的能量为 $3Nk_BT$,则热容量为 $3Nk_B$,这时热容是一个与温度无关的常数。这一结论称为杜隆-帕替定律。在高温下,固体热容的实验值与该定律相当符合。但在低温时,实验值与此定律相去甚远。这说明在低温下,经典理论已经不再适用了。爱因斯坦第一次将量子理论用于固体热容问题上,理论与实验得到了较好的符合,克服了经典理论的困难。

5.6.1 热容的一般表达式

频率为 ω_i 的谐振子的平均声子数目见式(5.70)。这些声子携带的能量为

$$E_i=\frac{\hbar\omega_i}{\mathrm{e}^{\hbar\omega_i/k_BT}-1} \tag{5.91}$$

N 个原子构成的晶体,晶格振动等价于 $3N$ 个谐振子的振动,总的热振动能为

$$E=\sum_{i=1}^{3N}\frac{\hbar\omega_i}{\mathrm{e}^{\hbar\omega_i/k_BT}-1} \tag{5.92}$$

由一维的色散曲线可知,由于波矢 $\boldsymbol{q}$ 是准连续的,就每支格波而言,频率也是准连续的。加式可用积分来表示。得到

$$E=\int_0^{\omega_m}\frac{\hbar\omega D(\omega)\mathrm{d}\omega}{\mathrm{e}^{\hbar\omega/k_BT}-1} \tag{5.93}$$

由式(5.90) 和式(5.93) 得到热容量的表达式为

$$C_V=\int_0^{\omega_m} k_B\left(\frac{\hbar\omega}{k_B T}\right)^2 \frac{e^{\hbar\omega/k_B T}D(\omega)\mathrm{d}\omega}{(e^{\hbar\omega/k_B T}-1)^2} \tag{5.94}$$

可见,求热容量的关键在于求解模式密度。对于实际的固体,人们很难求三维的色散关系。因此,求解模式密度非常困难。在求固体热容时,人们通常采用近似方法:爱因斯坦模型和德拜模型。

5.6.2 爱因斯坦模型

爱因斯坦模型,假定晶体中所有原子都以相同的频率做振动。这一假定,实际是忽略了谐振子之间的差异。有

$$E=3N\frac{\hbar\omega}{e^{\hbar\omega/k_B T}-1} \tag{5.95}$$

热容量则为

$$C_V=\frac{\partial E}{\partial T}=3Nk_B f_E\left(\frac{\hbar\omega}{k_B T}\right) \tag{5.96}$$

式中,设

$$f_E\left(\frac{\hbar\omega}{k_B T}\right)=\left(\frac{\hbar\omega}{k_B T}\right)^2\frac{e^{\hbar\omega/k_B T}}{(e^{\hbar\omega/k_B T}-1)^2} \tag{5.97}$$

为爱因斯坦函数。

引入爱因斯坦温度 Θ_E,定义为

$$\Theta_E=\frac{\hbar\omega}{k_B} \tag{5.98}$$

则有

$$C_V=3Nk_B\left(\frac{\Theta_E}{T}\right)^2\frac{e^{\Theta_E/T}}{(e^{\Theta_E/T}-1)^2} \tag{5.99}$$

式中,Θ_E 由理论曲线与实验曲线尽可能地拟合来确定。对于大多数固体材料,$\Theta_E=100\sim300$ K。图 5.18 所示为金刚石热容的实验值和爱因斯坦理论曲线的比较。

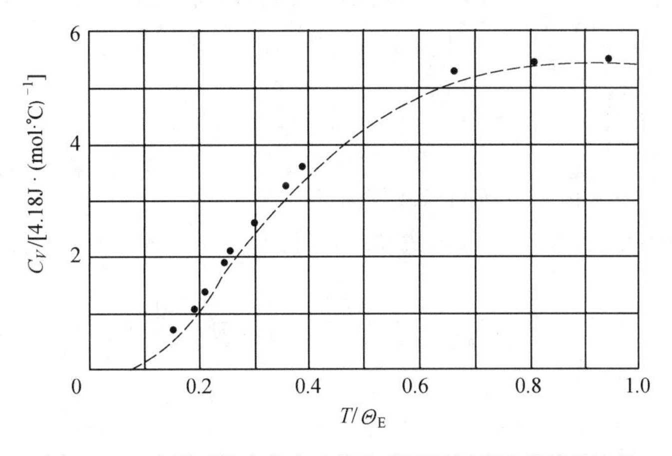

图 5.18 金刚石热容的实验值和爱因斯坦理论曲线的比较

(1) 当温度较高时,式(5.99)可以变为

$$C_V = 3Nk_B \tag{5.100}$$

在高温情况下,爱因斯坦的热容理论与杜隆－帕替定律一致。

(2) 当温度很低时,$e^{\Theta_E/T} \gg 1$,有

$$C_V = 3Nk_B \left(\frac{\Theta_E}{T}\right)^2 e^{-\Theta_E/T} \tag{5.101}$$

实验结果表明,当温度很低时,绝缘体的热容以 T^3 趋于零;爱因斯坦热容比 T^3 更快地趋于零。这与实验结果出现严重的不符,原因在于这个模型忽略了各格波对热容的贡献。

5.6.3 德拜模型

德拜热容模型的基本思想是:

(1) 把格波作为弹性波来处理,在很低温下,不仅光学波(如果晶体是复式格子)对热容的贡献可以忽略,而且频率高(短波长)的声学波对热容的贡献也可忽略。决定晶体热容的主要是长声学波,即弹性波。

(2) 晶体可以看成是连续介质,格波是连续的介质中的弹性波,其频率与波矢成正比。

(3) 各个振动模式的频率并不相等,存在最大的截止频率。

为简单记,设固体弹性介质是各向同性的,由弹性波的色散关系 $\omega = vq$ 可知,在三维波矢空间内,弹性波的等频面是一个球面。

$$|\nabla_q \omega| = v \tag{5.102}$$

由式(5.77)得到

$$D(\omega) = \frac{V_c}{(2\pi)^3}\frac{1}{v}\int ds = \frac{V_c}{(2\pi)^3 v}4\pi q^2 = \frac{V_c \omega^2}{2\pi^2 v^3} \tag{5.103}$$

考虑到弹性波有三支格波,一支纵波,两支横波,所以总的模式密度为

$$D(\omega) = \frac{V_c \omega^2}{2\pi^2 v_p^3} \tag{5.104}$$

$$\frac{3}{v_p^3} = \left(\frac{1}{v_L^3} + \frac{2}{v_T^3}\right) \tag{5.105}$$

式中 v_T 和 v_L—— 横波波速和纵波波速。

将式(5.104)、式(5.105)代入式(5.94),得到

$$C_V = \frac{3V_c}{2\pi^2 v_p^3}\int_0^{\omega_m} k_B \left(\frac{\hbar\omega}{k_B T}\right)^2 \frac{e^{\hbar\omega/k_B T}\omega^2 d\omega}{(e^{\hbar\omega/k_B T} - 1)^2} \tag{5.106}$$

另有

$$\int_0^{\omega_m} D(\omega) d\omega = 3N \tag{5.107}$$

结合式(5.104)、式(5.107)可以得到

$$\omega_{\mathrm{m}}=\left(6\pi^2\frac{N}{V_{\mathrm{c}}}\right)^{1/3}v_{\mathrm{p}} \tag{5.108}$$

截止频率为 ω_{m}。有时称式(5.108)的截止频率为德拜频率,并记作 ω_{D}。

类似爱因斯坦温度,定义德拜温度为

$$\Theta_{\mathrm{D}}=\frac{\hbar\omega_{\mathrm{D}}}{k_{\mathrm{B}}} \tag{5.109}$$

由式(5.108)、式(5.109)可知,原子浓度较高、声速大的固体,德拜温度就高。金刚石的弹性常数是一般固体的10倍,声速很大,再加上它的碳原子浓度高,德拜温度达到2 230 K。一般固体材料的德拜温度为200～400 K。

现讨论由式(5.106)根据德拜模型得到的热容,即

$$C_V=\frac{3V_{\mathrm{c}}k_{\mathrm{B}}^4T^3}{2\pi^2\hbar^3v_{\mathrm{p}}^3}\int_0^{\Theta_{\mathrm{D}}}\frac{\mathrm{e}^x x^4\mathrm{d}x}{(\mathrm{e}^x-1)^2} \tag{5.110}$$

式中 $x=\dfrac{\hbar\omega}{k_{\mathrm{B}}T}$。

当温度较高时:$k_{\mathrm{B}}T\gg\hbar\omega$,有

$$C_V=3Nk_{\mathrm{B}} \tag{5.111}$$

当温度很低时

$$C_V=\frac{12\pi^4Nk_{\mathrm{B}}}{5}\left(\frac{T}{\Theta_{\mathrm{D}}}\right)^3 \tag{5.112}$$

这和低温条件下的热容随温度变化的实验结果是相符的。图5.19所示为金属铜热容的实验值与德拜理论的比较,符合得非常好。

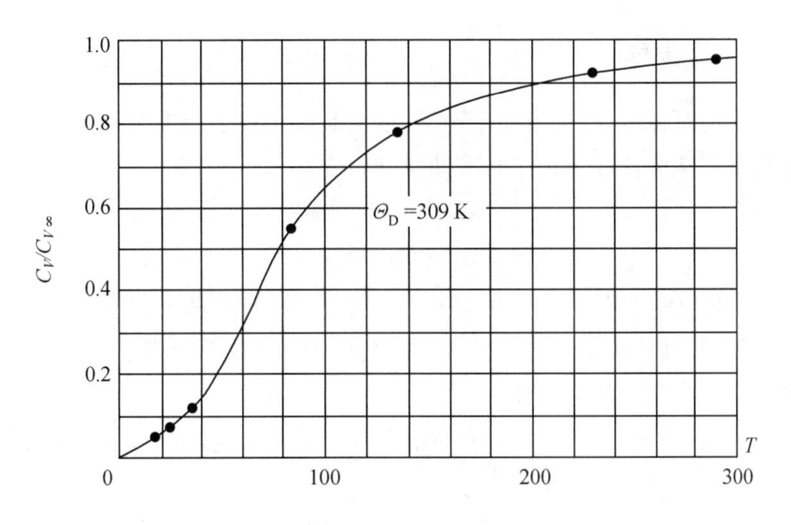

图5.19 金属铜热容的实验值与德拜理论的比较

5.7 晶格振动的非简谐效应

在讨论晶格振动时，曾取简谐近似，把晶格振动等效成 $3N$（N 是原子数目）个简正振动。这 $3N$ 个简正振动是相互独立的，即一旦一种模式被激发，它将保持不变，因此不把能量传递给其他模式的简正振动。若果真如此，则温度不同的两晶体接触后，它们的温度不会达到同一温度。原来温度高的仍旧那么高，温度低的仍旧那么低。因此，近似得到结论：把温度不相同的两晶体接触后，它们的温度不会达到同一个温度。事实上，温度不同的两个晶体接触后，最终要达到同一温度。可见温度最终达到平衡必定是晶格振动的非简谐近似作用的结果。

相邻原子间原子势若保留势能级数中三次方项，即

$$U = U(r_0) + \left(\frac{\mathrm{d}U}{\mathrm{d}r}\right)_{r_0}(r-r_0) + \frac{1}{2}\left(\frac{\mathrm{d}^2U}{\mathrm{d}r^2}\right)_{r_0}(r-r_0)^2 + \frac{1}{6}\left(\frac{\mathrm{d}^3U}{\mathrm{d}r^3}\right)_{r_0}(r-r_0)^3 \tag{5.113}$$

相应的谐振子的振动方程为

$$\ddot{Q}_i + \omega_i^2 Q_i + f(Q_1, Q_2, \cdots, Q_{3N}) = 0 \tag{5.114}$$

式(5.114)说明，若考虑势能展开式中三次方项的非简谐项的贡献，简正振动就不是严格独立的，而是 $3N$ 个简正振动之间存在耦合，格波间存在能量的交换。

用声子模型来说，就是各类声子间会交换能量。通过声子的碰撞机制，两物体最终达到热平衡，温度相等。没有声子的碰撞，就没有热平衡可言；没有非简谐效应，就不会发生声子碰撞，所以热传导是一个典型的非简谐效应。

5.7.1 热传导

两个声子通过碰撞，产生第三个声子，或者是一个声子能劈裂为两个声子。声子在碰撞过程中遵从能量守恒定律和准动量守恒定律。

$$\begin{cases} \hbar\omega_1 \pm \hbar\omega_2 = \hbar\omega_3 \\ \hbar\boldsymbol{q}_1 \pm \hbar\boldsymbol{q}_2 = \hbar\boldsymbol{q}_3 \end{cases} \tag{5.115}$$

式中，“+”号对应两个声子碰撞后，产生一个新声子；或者说一个声子吸收了另一个声子，变成了能量高的声子。“−”号对应一个声子劈裂成两个声子。容易看出，劈裂过程其实就是吸收过程的逆过程。

因为波矢为 $\boldsymbol{q}$ 的声子和波矢为 $\boldsymbol{q}+\boldsymbol{G}_{\mathrm{m}}$ 的声子是等价的，因此，准动量守恒更普遍的形式为

$$\hbar\boldsymbol{q}_1 \pm \hbar\boldsymbol{q}_2 = \hbar\boldsymbol{q}_3 \pm \hbar\boldsymbol{G}_{\mathrm{m}} \tag{5.116}$$

$\boldsymbol{G}_{\mathrm{m}} = \boldsymbol{0}$ 为正常散射过程，$\boldsymbol{G}_{\mathrm{m}} \neq \boldsymbol{0}$ 为倒逆散射过程。

当 $\boldsymbol{q}_1$、$\boldsymbol{q}_2$ 数值较大而夹角较小时，$\boldsymbol{q}_1+\boldsymbol{q}_2$ 可能会超过第一布里渊区。与格波解一

一对应的波矢应为能落在第一布里渊区的波矢 $\boldsymbol{q}_3=\boldsymbol{q}_1+\boldsymbol{q}_2-\boldsymbol{G}_{\mathrm{m}}$。正常散射不改变热流的基本方向，但倒逆过程不然，它与热流的方向是相背的，对热传导有阻滞作用。倒逆过程是产生热阻的一个重要的机制，如图 5.20 所示。

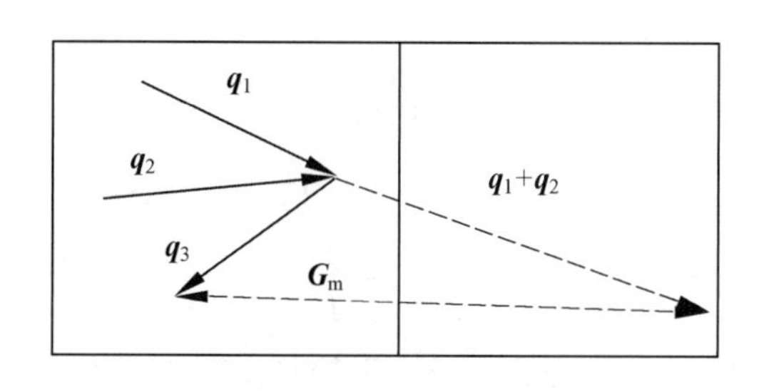

图 5.20 声子的倒逆过程

把声子系统想象成声子气体。当晶体内存在温度梯度时，高温区声子浓度高、能量大的声子数也多，这些声子将以碰撞的方式向低温区扩散，把高温区的热能传递到低温区域(图 5.21)。对于声子模型来说，就是各类声子间会交换能量。

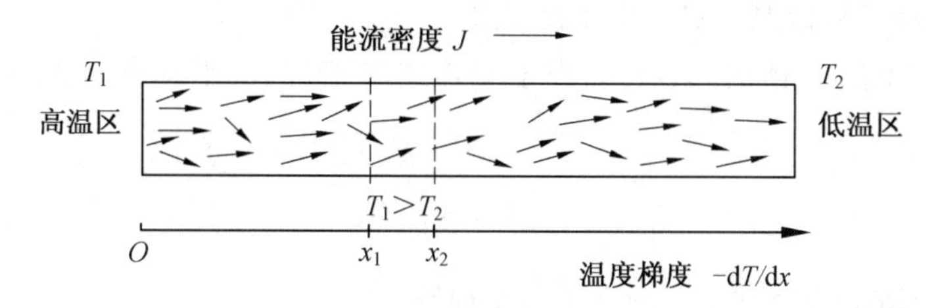

图 5.21 声子扩散示意图

频率为 ω 的声子数目为

$$n=\frac{1}{\mathrm{e}^{\hbar\omega/K_{\mathrm{B}}T}-1} \tag{5.117}$$

由上式可见，温度不同，声子密度分布不均，温度高的地方声子密度大，形成浓度差。声子由高温向低温进行扩散运动，能量由高温区传向低温区。宏观上表现为热传导过程。

如果晶体内存在温度梯度 $\mathrm{d}T/\mathrm{d}x$，则在晶体内将有热流流过，热流密度 Q 为

$$Q=-k\frac{\mathrm{d}T}{\mathrm{d}x} \tag{5.118}$$

式中 k—— 晶体的热导率。

采用气体扩散模型，热导率可以写为

$$k=\frac{1}{3}C_V\bar{v}\bar{\lambda} \tag{5.119}$$

式中 C_V—— 单位体积的定容热容；

$\bar{v}$—— 声子的平均速度；

$\bar{\lambda}$—— 平均自由程。

采用德拜模型，声子的平均速度是一常数。考虑平均自由程与温度的依赖关系，平均自由程反比于单位时间内的平均碰撞次数。声子间单位时间内的平均碰撞次数与声子的浓度成正比。根据德拜模型则有

高温时：

$$\bar{\lambda} \propto \frac{1}{T} \tag{5.120}$$

低温时：

$$\bar{\lambda} \propto \frac{1}{T^3} \tag{5.121}$$

低温下温度趋于0 K时，理论上式中平均自由程为无穷大，但平均自由程不会超过晶体尺寸，即声子的最大平均自由程由晶体尺寸决定，$l=d$，d 为晶粒尺寸。考虑热容和温度的关系可见，低温下 C_V 正比于 T^3，高温下，晶体的热容量是常数。

综合考虑三者，则有

① 在极低温度下，C_V 正比于 T^3，平均自由程约等于晶粒尺寸，为常数，声子平均速度也是常数。故低温下热导率正比于 T^3。

② 在高温下，晶体的热容量与声子平均速度是常数，平均自由程与绝对温度成反比。故有

$$k \propto \frac{1}{T} \tag{5.122}$$

图5.22所示为热导率与温度的关系曲线。

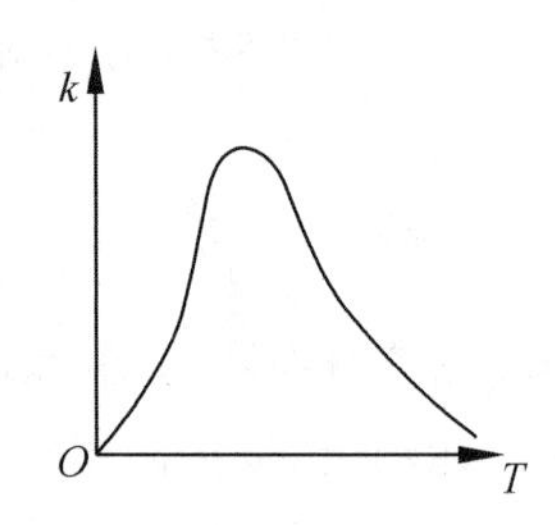

图5.22 热导率与温度的关系

5.7.2 热膨胀

固体受热时体积膨胀，这是普遍的物理现象。固体体积变大，一定是原子平衡位置间的距离增大导致的。设相邻两原子间的距离为 r，平衡位置间的距离为 r_0，互作用势能在平衡位置的展开式为

$$U(r)=\left(\frac{\mathrm{d}U}{\mathrm{d}r}\right)_{r_0}(r-r_0)+\frac{1}{2}\left(\frac{\mathrm{d}^2U}{\mathrm{d}r^2}\right)_{r_0}(r-r_0)^2+\frac{1}{6}(r-r_0)^3+\cdots \tag{5.123}$$

右端的第二项为零。若忽略非简谐项，互作用势化为

$$U(r)=\left(\frac{\mathrm{d}U}{\mathrm{d}r}\right)_{r_0}(r-r_0)+\frac{1}{2}\beta(r-r_0)^2 \tag{5.124}$$

式中

$$\beta=\left(\frac{d^2U}{dr^2}\right)_{r_0} \tag{5.125}$$

图 5.23 虚线所示的抛物线为简谐近似对应的曲线。此抛物线以 r_0 为对称。温度升高后，两原子平衡位置间的相对距离变化幅度（$r-r_0$）增大，但平均距离仍为 r_0，这时仍无热膨胀现象。这说明，若只计及简谐近似，固体是不会有膨胀的。热膨胀必须考虑非简谐效应。

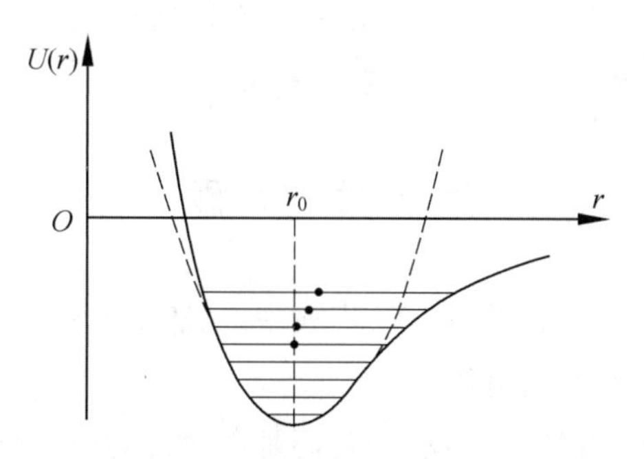

图 5.23 两原子之间相互作用势曲线

若将势能取到三次方项，则有

$$U(r)=\left(\frac{dU}{dr}\right)_{r_0}(r-r_0)+\frac{1}{2}\left(\frac{d^2U}{dr^2}\right)_{r_0}(r-r_0)^2+\frac{1}{6}(r-r_0)^3 \tag{5.126}$$

引入

$$-\eta=\frac{1}{2}\left(\frac{d^3U}{dr^3}\right) \tag{5.127}$$

式(5.125) 表示的势能曲线如图 5.23 实线所示。可见，这是一条不对称的曲线。r_0 左侧的曲线陡峭，右侧的曲线平缓。温度升高后，原子间平衡位置间的相对距离变化幅度 $|r-r_0|$ 增大，平均位置向右偏移，导致两原子平衡位置间的平均距离大于 r_0，原子间间距变大，物体体积变大，出现热膨胀的现象。因此说，热膨胀是一种非简谐现象。

下面利用玻耳兹曼统计理论求线膨胀系数。考虑热膨胀引起的两原子位置间距离的平均增量 $x=(r-r_0)$，其中 r 是温度 T 时两原子平衡位置间的距离，r_0 为某一选定温度下两原子平衡位置间的距离：

$$x=r-r_0 \tag{5.128}$$

$$\bar{x}=\frac{\int_{-\infty}^{+\infty} x e^{-U/k_B T} dx}{\int_{-\infty}^{+\infty} e^{-U/k_B T} dx} \tag{5.129}$$

式(5.127) 和式(5.128) 联立得到

$$\bar{x}=\frac{\eta k_{\mathrm{B}}T}{\beta^{2}} \tag{5.130}$$

由线膨胀系数的定义，得到

$$a_{\mathrm{L}}=\frac{1}{r_0}\frac{\mathrm{d}\bar{x}}{\mathrm{d}T}=\frac{\eta k_{\mathrm{B}}}{r_0\beta^{2}} \tag{5.131}$$

可见，在只计及势能级数中的三次方情况下，线膨胀系数是一个与温度无关的常数。若 $\eta=0$，线膨胀系数 a_{L} 也为零，固体不发生热膨胀。

需要指出的是，固体中许多物理性质和晶格振动有关。除热学性能外，超导性能、红外吸收性能、弹性性质、结构相变也与晶格振动有关。

思考题与习题

1.解释概念：简谐近似、格波、声子、模式密度、非简谐效应。

2.晶体中的声子数目是否守恒？

3.试判断，一个光学波的声子数目多，还是声学波的声子数目多？

4.试判断简单晶格是否存在强烈的红外吸收。

5.爱因斯坦模型在低温下与实验存在偏差的原因是什么？很低温下德拜模型为什么与实验相符？

6.设有一长度为 L 的一价正负离子构成的一维晶格，正负离子间距为 a，正负离子的质量分别是 m_+ 和 m_-，近邻两离子的作用势为

$$u(r)=-\frac{e^{2}}{r}+\frac{b}{r^{n}}$$

式中 e—— 电子电荷；

b 和 n—— 参量常数。

求：

(1) 参数 b 与 e，n 及 a 的关系；

(2) 恢复力系数 β；

(3) $q=0$ 时的光学波的频率。

7.求出一维简单晶格三维模式密度。

8.设一长度为 L 的一维简单晶格，原子质量为 m，间距为 a，原子间的互作用势可表示成 $U(a+\delta)=-A\cos\left(\frac{\delta}{a}\right)$。试由简谐近似求：

(1) 色散关系；

(2) 模式密度。

9.关于晶格热容，有爱因斯坦和德拜模型。试比较二者的异同。

第 6 章　金属电子论

固体理论包括固体的原子理论和固体的电子理论。固体的原子理论包括晶格结构、晶体结合、晶格振动、缺陷等;固体的电子理论包括金属电子理论、能带论等。金属自由电子理论采用自由电子模型,不考虑晶格周期场对电子的作用;不考虑电子之间的相互作用;金属中的价电子看成是封闭在晶格中的自由电子气体。其理论包括经典理论和量子理论。与此相反,现代的固体电子论考虑电子受晶格周期场的作用,也考虑电子之间的相互作用;在研究对象上也从金属扩展至所有类型的固体,从三维固体扩展至低维固体,从晶体扩展至非晶体。本书先介绍金属自由电子理论,在后继章节介绍周期性势场中的电子。

金属具有良好的导电、导热及优良的机械性能,很早就为人们所应用。最早处理金属中电子状态的理论是特鲁德提出的金属自由电子理论。特鲁德认为金属中的价电子像气体分子那样组成电子气体,服从经典规律。利用这个理论可以成功地说明金属中的某些输运过程,但是也存在不可逾越的障碍。量子力学建立后,索末菲进一步将费米－狄拉克理论用于自由电子气,建立了金属自由电子气的量子理论,解决了经典理论的困难。本章首先扼要介绍经典的金属电子理论,然后重点介绍金属自由电子气的量子理论,并用来说明金属的导电和导热性质。

6.1　自由电子气的经典理论

1897 年汤姆逊发现电子后,人们对物质结构的认识产生了新的飞跃。1900 年,特鲁德提出自由电子理论来解释金属输运性质。特鲁德认为金属中存在着可以自由运动的传导电子,并提出以下假定:

(1) 电子与离子实之间没有相互作用,电子可以自由地在晶格空间中运动,这种近似称为自由电子近似。

(2) 电子之间没有相互作用,电子可以彼此独立地相对运动,这种运动称为独立电子近似。

(3) 存在弛豫时间,弛豫时间的倒数表示单位时间内电子发生碰撞的概率,它与电子的位置和速度无关。电子通过碰撞与周围环境达到热平衡,这种近似称为弛豫时间近似。

特鲁德实际上把电子看作稀薄的理想气体:电子除碰撞外不发生其他的作用,即在相邻两次碰撞之间是自由的、独立的。在考虑导电和导热过程中,特鲁德只考虑电子与离子实的碰撞,不考虑电子之间的碰撞。但实际价电子密度的数量级为 $10^{29}\ \mathrm{m}^{-3}$,比普通气体的密度高3个数量级。上述简单模型的合理性是值得怀疑的,不过在对金属的一些物理性质的解释上在某些方面获得成功。

6.1.1 电导率

在没有外电场的时候,电子的运动是无规的,不形成电流;当存在静电场时,电子沿电场方向加速,将和离子实发生碰撞。由弛豫时间近似得,电子沿电场方向获得平均速度 v(称为漂移速度)为

$$v=-\frac{e\tau}{m}E \tag{6.1}$$

式中 e—— 电子电荷的绝对值;

τ—— 弛豫时间;

m—— 电子电量。

电流密度为

$$j=-nev \tag{6.2}$$

由欧姆定律有

$$j=\sigma E \tag{6.3}$$

得到

$$\sigma=\frac{ne^2\tau}{m} \tag{6.4}$$

6.1.2 热导率

经典统计理论认为,每个电子的平均热动能为 $3k_{\mathrm{B}}T/2$,则电子气的内能密度为

$$E=\frac{3nk_{\mathrm{B}}T}{2} \tag{6.5}$$

式中 n—— 单位体积中的自由电子数目。

电子对金属热容的贡献为

$$C_e=\left(\frac{\partial E}{\partial T}\right)_V \tag{6.6}$$

则有

$$C_e=\frac{3nk_{\mathrm{B}}}{2} \tag{6.7}$$

可见,根据本模型,电子热容与温度无关,其数量级与晶格热容相同。实验结果说明,常温下热容主要由晶格振动所贡献,电子的贡献远比式(6.7)计算值小;式(6.7)结果说明电子热容和温度无关,而实验上在低温下电子热容随温度降低而趋向于零。这说明利用经典的自由电子模型解释电子热容是不成功的。

6.1.3 维德曼－夫兰兹定律

仿照普通气体的热导率，有

$$k=\frac{C_e vl}{3} \tag{6.8}$$

式中 k—— 电子气的热导率；

C_e—— 电子气的热容；

v—— 电子的平均速度；

l—— 电子的平均自由程。

l 可表示为 $l=v\tau$，v 可由下式得出：

$$\frac{1}{2}mv^2=\frac{3}{2}k_{\mathrm{B}}T \tag{6.9}$$

结合式(6.7)，得到

$$k=\frac{3n\tau k_{\mathrm{B}}^2 T}{2m} \tag{6.10}$$

如果导电和导热的弛豫时间 τ 相同，则有热导率和电导率的比值为

$$\frac{k}{\sigma}=\frac{3}{2}\left(\frac{k_{\mathrm{B}}}{e}\right)^2 T \tag{6.11}$$

由式(6.11)可见，电导率和热导率之比与温度 T 成正比，在温度一定的情况下为一常数。上述规律为维德曼－夫兰兹定律，该定律原是一实验规律，现在可以由特鲁德模型推导出，比例系数为

$$L=\frac{3}{2}\left(\frac{k_{\mathrm{B}}}{e}\right)^2 \tag{6.12}$$

在温度一定的情况下为一常数，且与金属无关的普适常数，称为洛伦兹数。但特鲁德模型给出的数值与实验值不符，上述公式在定性上正确，定量存在问题。

可见，金属自由电子气模型的经典理论可以定性说明欧姆定律与维德曼－夫兰兹定律，但不能说明电子摩尔热容。这说明，特鲁德经典电子模型在处理一些问题时遇到了根本性的困难。这固然有模型本身不够合理的原因，而更重要的是经典理论不适用于描述电子的运动，对电子运动的正确描述需要量子理论。

6.2 自由电子气的量子理论

索末菲 1928 年提出了自由电子气的量子理论。该理论仍假定电子是彼此独立地在晶格中自由运动，但不是用经典理论，而是利用量子理论来确定电子的状态与能量，并用费米－狄拉克分布来研究自由电子的物理性质。该模型克服了经典理论的困难，得到与实验相符的结果，对后来的固体电子理论的发展起到了十分重要的作用。自由电子气的量子理论与经典理论特鲁德模型的区别在于：应用量子理论；电子

遵循泡利不相容原理;电子服从费米－狄拉克分布。

6.2.1 自由电子的能量状态和能态密度

金属中含有大量电子,是一个复杂的多电子、多粒子体系。把它们看作是金属中的自由电子气时,基于两个基本假设:① 假定电子间的相互作用可以不考虑,电子彼此独立地在晶格离子实所产生的势场 $V(\boldsymbol{r})$ 中运动;② 简化处理电子和晶格离子实的作用,把晶格中离子实所带的正电荷看作一种均匀连续的正电荷分布,并形成一均匀的势场,电子在均匀的势场中运动,即电子只受均匀分布的正电荷背景的作用。

设边长为 L 的立方形金属有 N 个自由电子,$V=L^3$ 为金属的体积,$n=N/V$ 为电子的密度,$V(\boldsymbol{r})$ 取为常数,可以设为0。有

$$-\frac{\hbar^2}{2m}\nabla^2\psi(\boldsymbol{r})=E\psi(\boldsymbol{r}) \tag{6.13}$$

式中 m—— 电子质量;

$\hbar$—— 普朗克常数。

方程的解为

$$\psi(\boldsymbol{r})=V^{-\frac{1}{2}}\mathrm{e}^{\mathrm{i}\boldsymbol{k}\cdot\boldsymbol{r}} \tag{6.14}$$

$\boldsymbol{k}$ 为波矢

$$\boldsymbol{k}=\frac{2\pi}{\lambda}\bar{n} \tag{6.15}$$

可见,自由电子的波函数是一波矢为 $\boldsymbol{k}$ 的平面波。根据量子力学,自由电子的动量具有确定值 $\hbar\boldsymbol{k}$。速度为

$$\boldsymbol{v}=\hbar\boldsymbol{k}/m \tag{6.16}$$

相应的能量为

$$E=\frac{\hbar^2k^2}{2m}=\frac{\hbar^2}{2m}(k_x^2+k_y^2+k_z^2) \tag{6.17}$$

式中 k_x、k_y 和 k_z—— 波矢 $\boldsymbol{k}$ 沿坐标轴 x、y 和 z 方向的分量。

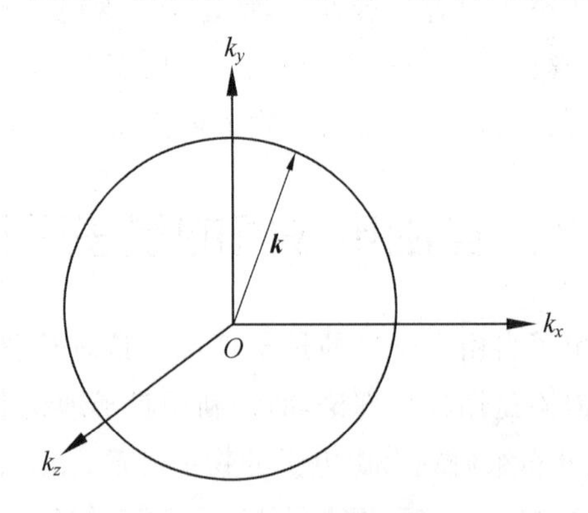

图6.1 波矢 $\boldsymbol{k}$ 与等能面示意图

可见电子的状态是由波矢 $\boldsymbol{k}$ 来确定的;等能面是球面。能量为 E 的等能面的半径为 $\left(\frac{2mE}{\hbar^2}\right)^{\frac{1}{2}}$,球的体积为 $\frac{4\pi}{3}\left(\frac{2mE}{\hbar^2}\right)^{\frac{1}{2}}$。

引入周期性边界条件,波函数 $\psi(r)$ 满足

$$\begin{cases}\psi(x+L,y,z)=\psi(x,y,z)\\ \psi(x,y+L,z)=\psi(x,y,z)\\ \psi(x,y,z+L)=\psi(x,y,z)\end{cases} \tag{6.18}$$

将式(6.14) 代入式(6.18) 得到波矢可能的取值为

$$k_x=\frac{2\pi}{L}n_1,\quad k_y=\frac{2\pi}{L}n_2,\quad k_z=\frac{2\pi}{L}n_3 \tag{6.19}$$
$$(n_1,n_2,n_3=0,\pm 1,\pm 2,\cdots)$$

可见 $\boldsymbol{k}$ 的取值如图 6.2 所示,是分立的值。

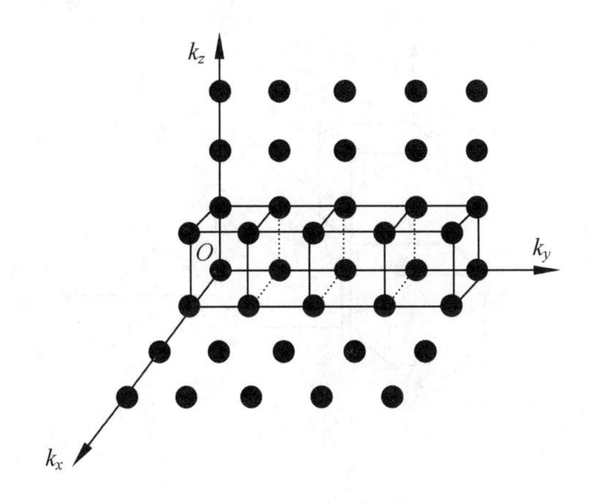

图 6.2　波矢取分立值

可见,k_x、k_y、k_z 只能取一系列分立的值,相邻能级之间的间隔很小,可近似看成是连续的。若把波矢 $\boldsymbol{k}$ 看作是空间矢量,相应的空间称为波矢空间($\boldsymbol{k}$ 空间);每一组量子数(n_1,n_2,n_3) 对应一个波矢,也代表电子的一个状态,对应一个能量,这个能量称为能级。(n_1,n_2,n_3) 作为坐标构成量子数空间(图 6.3)。

如图 6.4 所示,所示点分别对应(1,1,1)、(1,2,1) 和(1,1,2)。可见每一坐标(n_1,n_2,n_3) 对应一波矢量,$\boldsymbol{k}(k_x,k_y,k_z)$。可把 $\boldsymbol{k}(k_x,k_y,k_z)$ 作为坐标来建立动量空间(波矢空间)。波矢空间的一点表示一个允许的单电子态。代表点在波矢空间均匀分布,每一状态点所占有体积是

$$\left(\frac{2\pi}{L}\right)^3 \tag{6.20}$$

定义 $\boldsymbol{k}$ 空间中单位体积具有的电子状态数为

$$\frac{1}{(2\pi/L)^3}=\frac{L^3}{8\pi^3}=\frac{V}{8\pi^3} \tag{6.21}$$

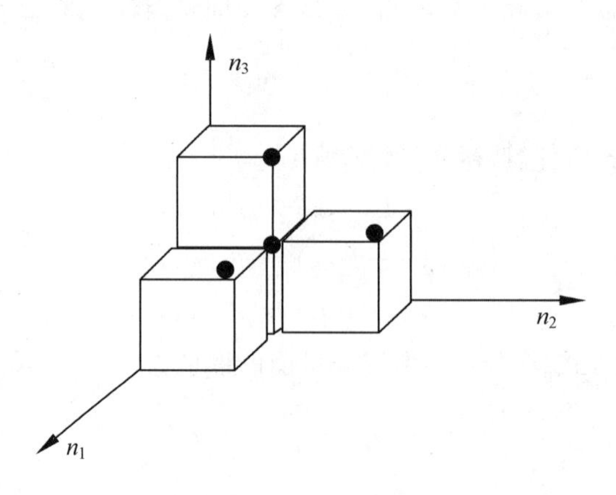

图 6.3 波矢构成量子数空间

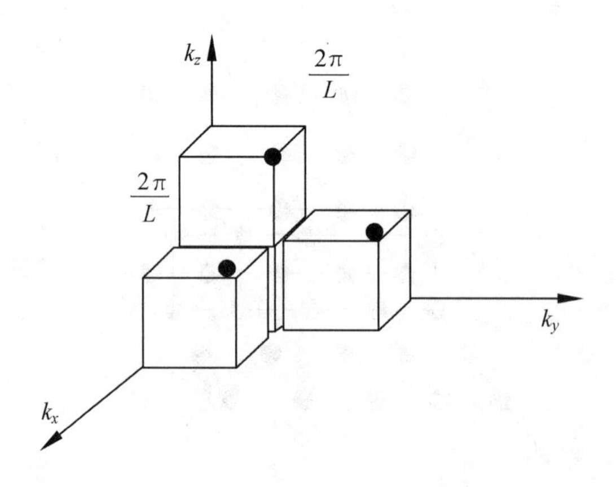

图 6.4 波矢空间的一点表示一个允许的单电子态

前文所示，由图 6.1 和式(6.17) 可见，自由电子在 $\boldsymbol{k}$ 空间中的等能面为球面，能量在 $0 \sim E$ 之间的状态代表点均落在此球内。因为每一个波矢所占体积 $\left(\frac{2\pi}{L}\right)^3$，$0 \sim E$ 之间的状态数目为

$$Z = \frac{4\pi}{3}\left(\frac{2mE}{\hbar^2}\right)^{3/2} \div \left(\frac{2\pi}{L}\right)^3 = \frac{V}{6\pi^2}\left(\frac{2mE}{\hbar^2}\right)^{3/2} \tag{6.22}$$

考虑自旋，式(6.22) 应乘以 2，即

$$Z = \frac{V}{3\pi^2}\left(\frac{2mE}{\hbar^2}\right)^{3/2} \tag{6.23}$$

则能量在 $E \sim E + \mathrm{d}E$ 的能量间隔内的状态数为

$$\mathrm{d}Z = \frac{V}{2\pi^2}\left(\frac{2m}{\hbar^2}\right)^{3/2} E^{\frac{1}{2}}\,\mathrm{d}E \tag{6.24}$$

定义下式为能态密度，即

$$g(E)=\frac{\mathrm{d}Z}{\mathrm{d}E} \tag{6.25}$$

表示电子状态按能量的分布密度。则由式(6.24)、式(6.25)得到

$$g(E)=\frac{V}{2\pi^2}\left(\frac{2m}{\hbar^2}\right)^{3/2}E^{1/2} \tag{6.26}$$

设

$$C=\frac{V}{2\pi^2}\left(\frac{2m}{\hbar^2}\right)^{3/2} \tag{6.27}$$

有

$$g(E)=CE^{1/2} \tag{6.28}$$

电子的能态密度可类比于声子的模式密度 $D(\omega)$。电子在 $E\sim E+\mathrm{d}E$ 的能量间隔内的状态数为

$$\mathrm{d}Z=g(E)\mathrm{d}E \tag{6.29}$$

6.2.2 基态与激发态

自由电子气应遵循费米－狄拉克统计，分布函数为

$$f(E,T)=\frac{1}{\exp\left(\frac{E-\mu}{k_{\mathrm{B}}T}\right)+1} \tag{6.30}$$

式(6.30)为温度 T 时，达到热平衡时能量为 E 的电子态被电子占据的概率，μ 为化学势。

$$\mu=\left(\frac{\partial F}{\partial N}\right)_{T,V} \tag{6.31}$$

式(6.31)表示 T、V 不变时体系自由能随电子总数 N 的变化率。在分布函数中，μ 是一个决定电子在各能级中分布的参量。它由电子总数 N 应满足的条件来确定。

$$N=\int_0^{\infty}f(E,T)g(E)\mathrm{d}E \tag{6.32}$$

式中　N—— 电子总数。

被积函数 $f(E,T)g(E)$ 为 E 附近单位能量间隔内的电子数 —— 电子分布密度。式(6.32)可以进一步写为

$$N=\frac{V}{2\pi^2}\left(\frac{2m}{\hbar^2}\right)^{3/2}\int_0^{\infty}\frac{E^{1/2}\mathrm{d}E}{\mathrm{e}^{(E-\mu)/k_{\mathrm{B}}T}+1} \tag{6.33}$$

现在考查两种状态：基态和激发态。

1. 基态

当 $T=0$ K 时，自由电子气处在基态，也就是体系能量最低的状态。这时分布函数为

$$\lim_{T\to 0} f(E,T)=\begin{cases}1 & (E<\mu(0))\\ 0 & (E>\mu(0))\end{cases} \tag{6.34}$$

$\mu(0)$是$T=0$ K时的化学势。如图6.5所示，能量在$\mu(0)$以上的状态是空的，能量在$\mu(0)$以下的状态被电子占满。受泡利不相容原理的限制，每个电子只能容纳两个自旋相反的电子，所以电子只能按电子态的能量从低到高的顺序依次填充。$\mu(0)$是自由电子气基态中电子的最高能量。称$E_F=\mu(0)$为费米能。

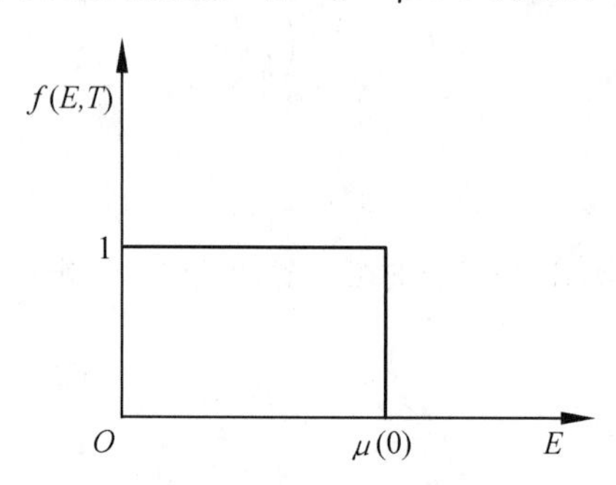

图6.5 0 K时的分布函数

结合式(6.32)和式(6.34)，$T\to 0$ K有

$$N=\int_0^{E_F} g(E)\mathrm{d}E=\int_0^{E_F} CE^{1/2}\mathrm{d}E \tag{6.35}$$

利用式(6.27)，得到

$$N=\int_0^{E_F} g(E)\mathrm{d}E=\frac{V}{3\pi^2}\left(\frac{2m}{\hbar^2}\right)^{3/2}E_F^{3/2} \tag{6.36}$$

$$E_F=\frac{\hbar^2 k_F^2}{2m} \tag{6.37}$$

$$k_F=(3\pi^2 n)^{1/3} \tag{6.38}$$

式中 n——电子密度，$n=N/V$。

金属中，$\boldsymbol{k}$空间能量为E_F的等能面称为费米面。$\boldsymbol{k}_F$为费米波矢，其长度称为费米半径。

可见费米波矢依赖于电子密度n；费米能也由电子密度n完全决定。在绝对零度下自由电子气的基态就是费米球内所有状态全被电子占满，球外则全空。

根据经典理论，每个电子的平均热动能为

$$E=\frac{3k_B T}{2} \tag{6.39}$$

根据量子理论，基态中自由电子的能量为

$$N\bar{E}=\int_0^{E_F} g(E)\mathrm{d}E=\frac{3NE_F}{5} \tag{6.40}$$

式中 $\bar{E}$—— 自由电子的平均能量。

可得

$$\bar{E}=\frac{3E_F}{5} \tag{6.41}$$

根据经典理论,0 K 时电子的平均热动能为 0;而根据量子理论平均热动能不为 0,这是量子理论独特的不同于经典理论的地方。原因在于电子服从泡利原理,每个能级只能有自旋相反的两个电子占据,即使是绝对零度也不可能发生所有电子都集中在最低能态上的情况。

2. 激发态

当 $T\neq 0$ K 时,自由电子气处于激发态,电子获得热能 k_BT 从费米面内跃迁到费米面外的空状态。这时电子分布与基态截然不同。费米面内出现空状态,费米面外有部分状态被占据。空状态和占据状态没有截然不同的界限。这种情况下,$N(E,T)=f(E,T)g(E)$ 为电子的分布密度,意义为温度为 T 时分布在 E 附近单位能量间隔内的电子数。

图 6.6 所示为 $f(E,T)$ 和 $N(E,T)=f(E,T)g(E)$ 随 E 的变化情况。阴影部分为 $T\neq 0$ K 情况。为便于比较,把 $T=0$ K 的情况也画在上面。

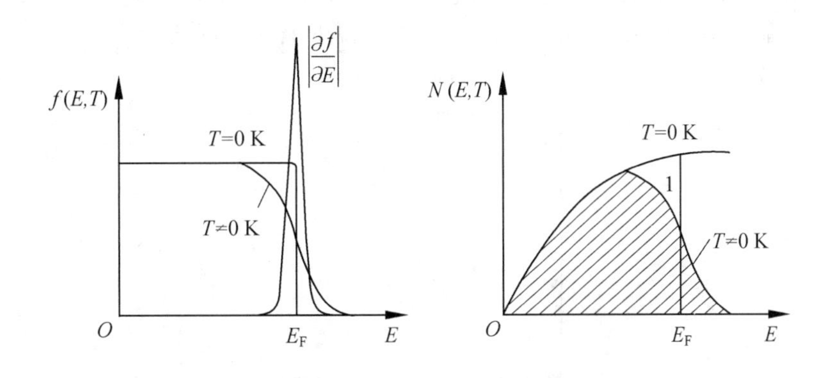

图 6.6 $f(E,T)$ 和 $N(E,T)$ 随 E 的变化曲线

根据式(6.29),要知道电子具体分布情况,必须了解温度为 T 时的化学势。事实上,经推导,$T\neq 0$ K 时的化学势为

$$\mu=E_F\left[1-\frac{\pi^2}{12}\left(\frac{k_BT}{E_F}\right)^2\right] \tag{6.42}$$

由式(6.39)可见,化学势在 0 K 时等于 E_F,但在非基态时,$\mu(T)<E_F$,而且随 T 的升高略有下降。对于金属,室温下,k_BT/E_F 为 10^{-2} 量级,μ 和 E_F 数值上相差很小,可以认为二者相等,但二者意义是不同的,$\mu(T)$ 不再是电子填充的最高能级。

6.2.3 电子热容

$T>0$ K时，自由电子气的总能量为

$$N\bar{E}=\int_0^{E_F} g(E)f(E,T)\mathrm{d}E \tag{6.43}$$

计算得到

$$\bar{E}=\frac{3E_F}{5}+\frac{\pi^2}{4}\frac{(k_B T)^2}{E_F} \tag{6.44}$$

第一项是基态的电子平均能量，第二项是热激发的能量。

根据式(6.6)，计算可得电子气的热容为

$$C_e=n\frac{\partial \bar{E}}{\partial T}=\gamma T \tag{6.45}$$

式中 γ—— 电子热容系数，$\gamma=\frac{\pi^2}{2}\frac{nk_B^2}{E_F}$。

与经典理论相比，C_e 与温度有关且与 T 成正比。T 趋近于0时，C_e 也趋近于0。同时可以看到，由于 $k_B T$ 远小于 E_F，只有费米面附近的少量电子对热容有贡献。因此，C_e 在数值上比经典结果小很多。这些结果说明自由电子气的量子理论是成功的。

金属的热容应该由晶格热容 C_L 和电子热容 C_e 两部分构成，如图6.7所示。在常温下电子贡献很小，晶格的贡献是主要的。在低温下电子的贡献将是主要的。

$$C_V=C_e+C_L=\gamma T+\beta T^3 \tag{6.46}$$

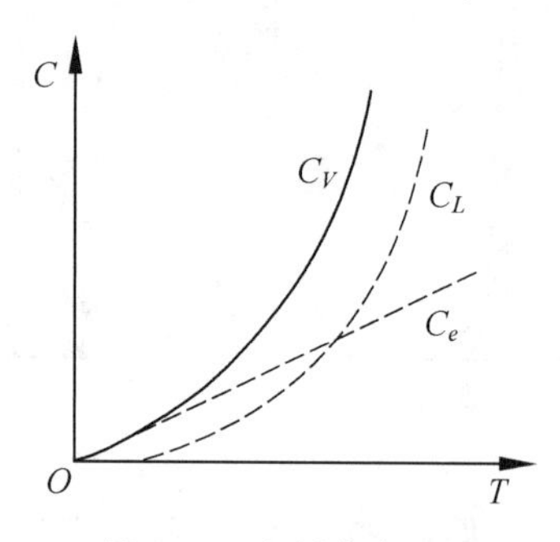

图6.7 金属热容组成

例6.1 已知金属Na在常温常压下的质量密度为 $\rho=0.97$ g/cm^3，原子量为23，价电子为1，试计算绝对温度时金属Na的费米能量、费米半径。

解 传导电子密度为

$$n=\frac{N_A Z}{m/\rho_m}=\frac{6.022\times10^{23}}{23/0.97}=2.54\times10^{22}(\mathrm{cm}^{-3})$$

费米半径为

$$k_F=(3\pi^2 n)^{1/3}=0.91\times10^8\ \mathrm{cm}^{-1}$$

费米能为

$$E_F=\frac{\hbar^2 k_F^2}{2m}=3.12\ \mathrm{eV}$$

6.3 电导率和霍尔效应

6.3.1 电导率

现在讨论自由电子在外电场中的运动。在经典理论中，把电子视为经典粒子，服从经典的运动定律。其位置和动量同时具有确定值。但在量子力学中电子的位置和动量是不能同时确定的。自由电子的状态由波矢为 $\boldsymbol{k}$ 的平面波来描述，其波矢 $\boldsymbol{k}$ 或动量 $\hbar\boldsymbol{k}$ 是完全确定的。则这时由于不确定原理，电子的位置就不能完全确定。但要研究电子在外场中的运动规律，又需要知道它的位置。一种方法就是采用准经典近似。用 $\boldsymbol{k}$ 附近 $\Delta\boldsymbol{k}$ 范围内的平面波组成的波包来描述电子。电子的位置在波包中心 r 附近 Δr 处。这样波包中心的位置 r 和动量 $\hbar\boldsymbol{k}$ 就在不确定关系的精度内描述电子的位置与动量。波包的群速度就是电子的平均速度。电子就成为一种准经典粒子。它在外电场作用下满足经典运动方程：

$$\hbar\frac{\mathrm{d}\boldsymbol{k}}{\mathrm{d}t}=\boldsymbol{F} \tag{6.47}$$

式中 $\boldsymbol{F}$—— 电子在外场中受到的力。

电子在外电场中受到的力引起波矢 $\boldsymbol{k}$ 从而能量 $E(\boldsymbol{k})$ 随时间的变化。当然用波包讨论电子的运动需要一定的条件，即波矢范围远小于布里渊区的尺度 $1/a$，a 为晶格常数量级。

无电场时，电子气为基态，则费米面内所有状态都被电子占据；若波矢为 $-\boldsymbol{k}$ 和 $\boldsymbol{k}$ 的电子成对出现，体系总动量为 0。

加电场后，按准经典近似：

$$\boldsymbol{f}=-e\boldsymbol{E} \tag{6.48}$$

$$\boldsymbol{P}=\hbar\boldsymbol{k} \tag{6.49}$$

$$\mathrm{d}\boldsymbol{P}=-e\boldsymbol{E}\,\mathrm{d}t \tag{6.50}$$

式中 $\boldsymbol{f}$—— 力；

$\boldsymbol{P}$—— 动量。

$$\hbar\frac{\mathrm{d}\boldsymbol{k}}{\mathrm{d}t}=-e\boldsymbol{E} \tag{6.51}$$

得到

$$\mathrm{d}\boldsymbol{k}=-\frac{e\boldsymbol{E}}{\hbar}\mathrm{d}t \tag{6.52}$$

式(6.52)说明，所有态按同样规律变化，整个费米球匀速移动，破坏了原来的平衡分布。对式(6.52)积分得

$$\boldsymbol{k}(t)=\boldsymbol{k}(0)-\frac{e}{\hbar}\boldsymbol{E}t \tag{6.53}$$

由于电子在运动过程中发生碰撞，$\boldsymbol{k}(t)$ 不可能随时间无限增加。经过弛豫时间 τ 后体系达到稳定，则费米球的移动为

$$\delta \boldsymbol{k}=\boldsymbol{k}(\tau)-\boldsymbol{k}(0)=-\frac{e\tau}{\hbar}\boldsymbol{E} \tag{6.54}$$

原来 $\boldsymbol{k}$ 的对称破坏了，电子因而获得漂移速度。

$$\delta \boldsymbol{v}=\frac{\hbar}{m}\delta \boldsymbol{k}=-\frac{e\tau}{m}\boldsymbol{E} \tag{6.55}$$

电流密度为

$$\boldsymbol{j}=-ne\delta \boldsymbol{v}=\sigma \boldsymbol{E} \tag{6.56}$$

电导率为

$$\sigma=\frac{ne^2\tau}{m} \tag{6.57}$$

可见，对导电起作用的是费米面附近的少量电子。

虽然从量子理论出发也导出与经典理论相同的结果，但是对于导电现象的认识更加深刻。显然弛豫时间决定于电子发生的碰撞，而碰撞所引起电子状态的变化，除满足能量守恒与动量守恒外，还要服从泡利原理。电子从波矢 $\boldsymbol{k}$ 的状态跃迁到 $\boldsymbol{k}'$ 态时，要求 $\boldsymbol{k}'$ 态是空的，否则这种过程不能发生，由于费米面内大部分电子难于获得足够大的能量跃迁到费米面外的状态，所以能够由于碰撞引起状态改变的只有费米面附近的电子。因此对导电有直接贡献的是费米面附近的电子，并非所有电子都起作用。这与经典理论是不同的。当然，并不是说费米面内的电子没有作用。它们保证了费米面的存在，起着基础性的作用。

此外，费米面附近的电子平均速度为

$$\boldsymbol{v}_{\mathrm{F}}=\frac{\hbar \boldsymbol{k}_{\mathrm{F}}}{m} \tag{6.58}$$

这个速度比经典理论高出几个数量级，相应的平均自由程 $\boldsymbol{v}_{\mathrm{F}}\tau$ 也要大很多。

6.3.2 霍尔效应

载有电流 j_x 的导体在一个与电流方向正交的磁场 B_z 中，导体中的电子在电场 E_x 作用下做漂移运动。因受正交磁场 B_z 的洛伦兹力作用而向侧面的 y 方向发生偏转，在导体两侧面上形成电荷积累，产生一个与电流方向 j_x 及磁场方向 B_z 都正交的横向电场 E_y，此横向电场使导体内产生一个横向的电势差 V_y，这种效应称为霍尔效应，如图 6.8 所示。

分析导体内电子的受力情况发现，除了使电子沿 x 方向漂移的电场力和沿 y 向偏转的洛伦兹力外，电子还受横向电场的电场力作用，且横向电场力的方向与洛伦兹力的方向相反。随着电子在两侧面积积累的增加，横向电场 E_y 逐渐增强，它随 y 方向上做偏转运动的电子的电场力也逐渐增加，直到横向电场力恰好抵消洛伦兹力，导

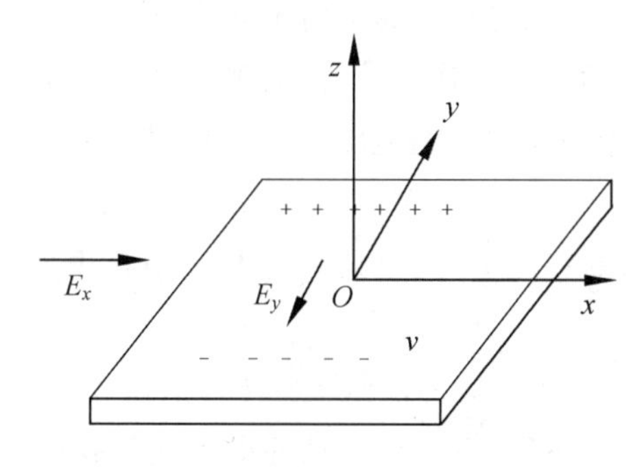

图 6.8 霍尔效应示意图

体内电子的运动达到稳定状态，有

$$eE_y = v_x B_z \tag{6.59}$$

式中 v_x 可以由下式得到：

$$j_x = n(-e)v_x \tag{6.60}$$

则有

$$E_y = \frac{-1}{ne} j_x B_z = R_H j_x B_z \tag{6.61}$$

这说明，金属中存在一个横向电场，其强度与磁场强度及电流密度成正比，比例系数为一个仅有电子浓度决定的常数，称为霍尔系数，其定义为

$$R_H = -\frac{1}{ne} \tag{6.62}$$

对于电流载流子是电子的情况，R_H 是负值；如果载流子带正电荷，则 R_H 为正值。霍尔系数的正负可以决定载流子的符号。大部分一价金属，理论值与实验值比较吻合。因此，霍尔系数的测定可以作为测量金属载流子浓度的重要手段。

6.4 电子发射和接触电势差

6.4.1 电子发射

在金属内部，电子受到正离子的吸引。但由于各离子的吸引力相互抵消，电子受到的净吸引力为 0。而在金属表面处，由于正离子的均匀分布被破坏，电子将在金属表面受到净吸引力，阻碍它逸出金属表面，只有外界能够提供足够的能量，电子才会脱离表面而逸出形成电子发射。

按照金属自由电子气模型，金属中的自由电子可以看作是在一个方匣子里运动，或者可以看作是处于深度为 E_0 的势阱内部运动的电子气系统。电子的费米能级为 E_F，如图 6.9 所示。在 0 K 时，低于费米能级的所有状态均被电子占据。结果表明，金属被加热或有光照在上面时，电子可以逸出，电子逸出或称为发射，相当于要在金属表面形成一个高度为 E_0 的势垒。通常将金属内部的电子逸出金属表面至少需要从外界得到的能量称为功函数或逸出功，记为 W。逸出功近似等于电子气系统的费米能级 E_F 与金属外部中自由电子的能级 E_∞ 之差，即

$$W = E_\infty - E_F \tag{6.63}$$

把电子在金属内部的势能 E_0 与金属外部真空中自由电子的能级 E_∞ 之差定义为电子亲和势，即

$$\chi = E_\infty - E_0 \tag{6.64}$$

根据能量提供方式的不同，有三种常见的电子发射：高温引起的热电子发射；光照引起的光致发射；强电场引起的场致发射。

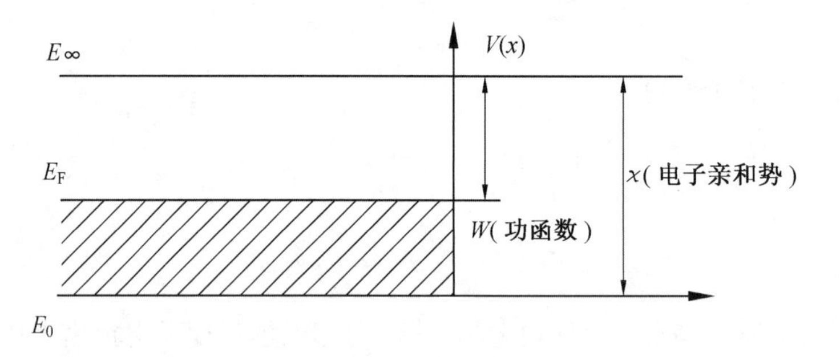

图 6.9 一个电子在金属表面的势能

6.4.2 接触电势差

实验发现，当两块费米能级不同的金属相互接触或用导线连接起来时，两块金属就会带相反的电荷，并形成电势差，称这种电势差为接触电势差，如图 6.10 所示，金属 Ⅰ 中的费米能级高于金属 Ⅱ 中的费米能级。

设接触前金属 Ⅰ 的功函数小于金属 Ⅱ 的功函数，有 $W_{\mathrm{I}} < W_{\mathrm{II}}$，则 $E_{F\mathrm{I}} > E_{F\mathrm{II}}$，在较低温度时，费米能就是电子的化学势。而化学势决定了电子的扩散方向：电子在化学势的作用下从化学势高的地方向化学势低的地方扩散。化学势的高低决定粒子的扩散方向就像高度决定水流方向一样。但二者的化学势相同时，扩散的驱动力消失，电子在金属之间的相互扩散达到平衡状态。

因为 $E_{F\mathrm{I}} > E_{F\mathrm{II}}$，当两个金属相互接触时，电子从金属 Ⅰ 向金属 Ⅱ 扩散，金属 Ⅱ 因为获得电子，带有过剩的负电荷，金属 Ⅰ 则有正电荷。正负电荷之间出现电场，从而产生电势差。金属 Ⅰ 的电势 V_{I} 高，金属 Ⅱ 的电势 V_{II} 低，有 $V_{\mathrm{I}} > V_{\mathrm{II}}$。这一附加电场阻碍金属 Ⅰ 中电子的逸出，相当于 Ⅰ 中电子的逸出功为 $W_{\mathrm{I}} + eV_{\mathrm{I}}$；Ⅱ 中的逸出功变为 $W_{\mathrm{II}} + eV_{\mathrm{II}}$。当电荷积累到一定程度，通过界面的净电荷为 0，电荷积累不再增加，达到一个稳定的平衡状态。则有

$$W_{\mathrm{I}} + eV_{\mathrm{I}} = W_{\mathrm{II}} + eV_{\mathrm{II}} \tag{6.65}$$

则得到金属间的电势差 V_D 为接触电势差，即

$$V_D = V_{\mathrm{I}} - V_{\mathrm{II}} = \frac{1}{e}(W_{\mathrm{II}} - W_{\mathrm{I}}) = \frac{1}{e}(E_{F\mathrm{I}} - E_{F\mathrm{II}}) \tag{6.66}$$

这说明两金属的接触电势差是由于两金属电子气系统的费米能级高低不同造成的。如果把接触电势差考虑进去,则平衡后的费米能级刚好能拉平。

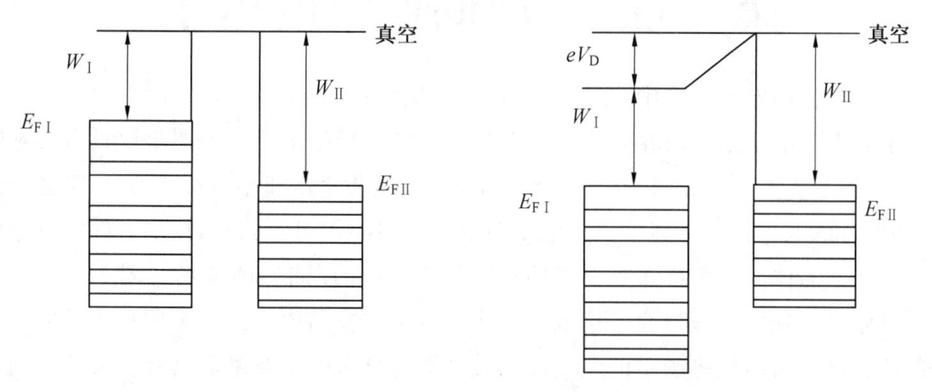

图 6.10　金属间的接触电势差

思考题与习题

1. 解释概念:能态密度、费米能、费米面。
2. 其他条件不变,晶体膨胀时,费米能级如何变化?
3. 为什么价电子浓度越大,价电子的平均动能就越大,电导率越高?
4. 电导率大的金属导热系数也大,其本质联系是什么?
5. 二维电子气的能态密度为

$$N(E) = \frac{m}{\pi\hbar^2}$$

证明费米能

$$E_F = k_B \ln(e^{n\pi/mk_B T-1})$$

式中　n—— 单位面积三维电子数。

6. 求出一维金属中自由电子的能态密度、费米能级。
7. 每个原子占据的体积为 a^3,绝对零度时价电子的费米半径为

$$k_F^0 = \frac{(6\pi^2)^{1/3}}{a}$$

计算每个原子的价电子数目。

第7章　周期场中的电子

在金属自由电子理论中，采用自由电子近似与独立电子近似，实际上忽略了电子与离子实以及电子之间的相互作用。金属自由电子理论虽然能说明金属具有良好的导电性，但是不能说明晶体为什么能区分为导体、半导体和绝缘体。要处理这个问题，必须考虑电子与晶格离子以及电子与电子之间的作用。同时，物质大部分以晶体形式存在。晶体中原子排布具有周期性的特点，存在周期性的势场。图7.1所示为单电子原子，多电子原子，原子构成分子或者直接构成晶体。图7.2所示为晶体中的周期性势场。周期性势场中的电子波函数必然与自由电子波函数具有很大的不同。

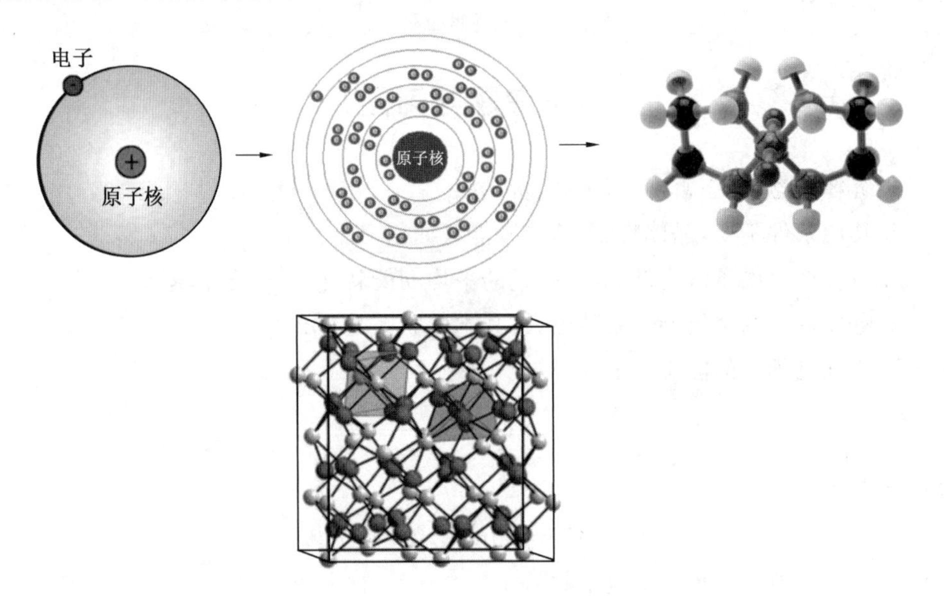

图7.1　从原子到晶体

事实上，晶体中的电子不再束缚于个别原子，而在一个具有晶格周期性的势场中做共有化运动。这时，对应孤立原子中电子的一个能级，在晶体中该类电子的能级形成一个带，而且晶体中电子的能带是倒格子的周期函数。能带理论的建立不仅克服了金属自由电子理论的基本困难，而且使人们对晶体电子结构的认识产生质的飞跃。能带理论成功地解释了固体的许多物理特性，是研究固体性质的重要理论基础。能带理论的发展对于当代高度发展的微电子工业做出了奠基性的贡献。

本章将着重介绍固体能带理论的基本假定、原理，计算能带的一些近似方法以及所得到的带有普遍意义的结果。

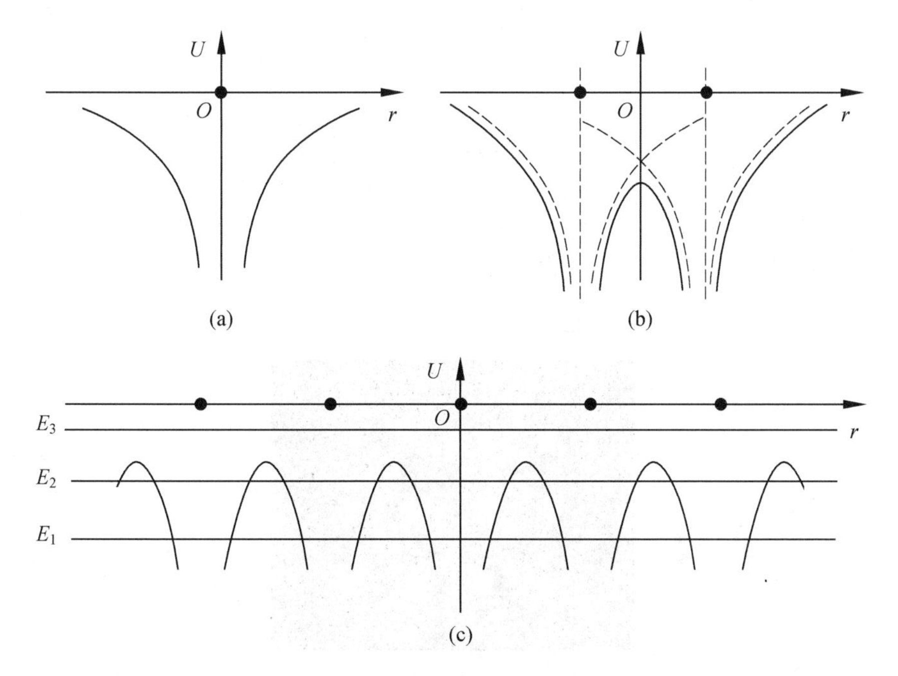

图 7.2 晶体中的周期性势场

7.1 布洛赫定理

7.1.1 能带理论的基本假设

处理晶体的电子,采用以下近似:绝热近似、平均场近似和周期场近似。这些是能带理论的基本假设。

1. 绝热近似(Born-Oppenheimer 近似)

实际材料往往是庞大的多粒子系统,并且包含大量的原子核和核外电子。鉴于以下两点:① 原子核的质量远远大于电子的质量;② 根据原子核的运动,电子可以瞬时进行调整,因此可以将电子从核子的运动中分离开来,在计算电子状态的时候,可以近似认为原子核静止不动。或者说,价电子看作是在固定不变的离子实势场中的运动(图 7.3)。

$$\psi_{\text{tot}} = \psi(\text{电子})\psi(\text{核子}) \tag{7.1}$$

2. 平均场近似(自洽场近似)

由于多个电子之间存在复杂的相互作用,人们采取一种方便的处理方法:将一平均场代替电子与电子间复杂的相互作用,每个电子所处的势能均相等;每个电子在固定的离子实势场和与其他电子的平均势场中运动。通过该近似,多电子问题转化为单电子问题(图 7.4)。

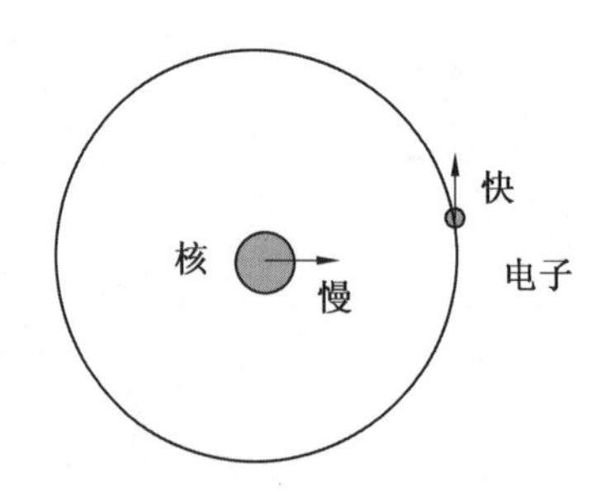

图 7.3 绝热近似示意图

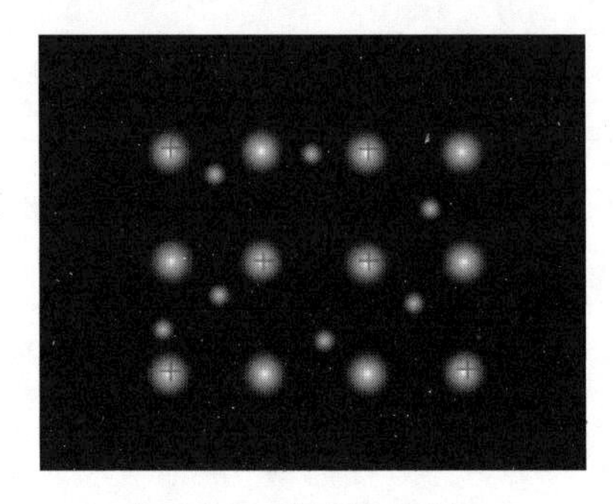

图 7.4 平均场示意图

3. 周期场近似

电子感受到的势场，包括离子实势场和电子之间的平均势场，是一个严格的周期性势场，这种近似称为周期场近似。

$$V(\boldsymbol{r})=V(\boldsymbol{r}+\boldsymbol{R}_n) \tag{7.2}$$

式中 $\boldsymbol{R}_n$—— 晶格平移矢量。

在绝热近似、平均场近似和周期场近似下，可以处理晶体中电子运动问题。

7.1.2 周期场中的单电子态薛定谔方程

晶体可以看作是由外层电子(价电子)与内壳层电子(芯部电子)以及原子核构成的。设 $\boldsymbol{r}_1$、$\boldsymbol{r}_2$、$\boldsymbol{r}_3$ 和 $\boldsymbol{R}_1$、$\boldsymbol{R}_2$ 和 $\boldsymbol{R}_3$ 分别表示电子和离子实的坐标，是时间的函数。晶体的电子定态薛定谔方程为

$$H\psi(\boldsymbol{r}_1,\boldsymbol{r}_2,\cdots,\boldsymbol{r}_n;\boldsymbol{R}_1,\boldsymbol{R}_2,\cdots,\boldsymbol{R}_n)=E\psi(\boldsymbol{r}_1,\boldsymbol{r}_2,\cdots,\boldsymbol{r}_n;\boldsymbol{R}_1,\boldsymbol{R}_2,\cdots,\boldsymbol{R}_n) \tag{7.3}$$

式中 H—— 晶体的哈密顿算符，由一切可能形式的能量算符之和构成，包括电子动能 T_e，离子动能 T_z，电子－电子相互作用能 U_e，离子－离子相互作用能 U_z，电子－离子相互作用能 U_{ez}，离子、电子在外场中的势能 V。

根据绝热近似，在研究晶体中电子的运动时，认为离子实静止在晶格平衡位置，电子则在离子实产生的具有晶格周期性的势场中运动，这样可以不考虑离子－离子相互作用能 U_z 以及离子动能 T_z 以及离子在外场中的势能。鉴于电子之间还存在相互作用，薛定谔方程中的 H 项可以写为

$$H = -\frac{\hbar^2}{2m}\sum_i \nabla^2 + \sum_i \sum_n V(|\boldsymbol{r}_i - \boldsymbol{R}_n|) + \frac{1}{8\pi\varepsilon_0}\sum_{i,j}{}' \frac{e^2}{|\boldsymbol{r}_i - \boldsymbol{r}_j|} \tag{7.4}$$

式中,第一项为电子动能项

$$T_e = \sum_i \left(\frac{-\hbar^2 \nabla^2}{2m}\right) \tag{7.5}$$

第二项为电子在外场中的势能项;第三项为电子的库仑作用能。第三项中求和的每一项都与两个电子的坐标有关,电子的运动不再是相互独立的而是相互关联的。通过上述的第二条近似:用一平均势取代电子间的相互作用。则式(7.4)中第三项为

$$\frac{1}{8\pi\varepsilon_0}\sum_{i,j}{}' \frac{\mathrm{e}^2}{|\boldsymbol{r}_i - \boldsymbol{r}_j|} = \sum_i V_e(\boldsymbol{r}_i) \tag{7.6}$$

式中 $V_e(\boldsymbol{r}_i)$—— 第 i 个电子与其余所有电子的平均作用能,只与单个电子坐标有关。

这样式(7.4)变为

$$H = \sum_i \left[-\frac{\hbar^2}{2m}\nabla^2 + V(\boldsymbol{r}_i)\right] \tag{7.7}$$

式中

$$V(\boldsymbol{r}_i) = \sum_n V(|\boldsymbol{r}_i - \boldsymbol{R}_n|) + V_e(\boldsymbol{r}_i) \tag{7.8}$$

可以将 N 电子体系的 H 量简化为 N 个独立点的 H 量之和,其中每个电子都在相同的有效势场 $V(\boldsymbol{r}_i)$ 中运动。这样多电子问题转化为单电子问题。通过上述假设,研究对象由多粒子体系到多电子体系到单电子体系。

周期势场中单电子满足的薛定谔方程为

$$\left[-\frac{\hbar^2}{2m}\nabla^2 + V(\boldsymbol{r})\right]\psi(\boldsymbol{r}) = E\psi(\boldsymbol{r}) \tag{7.9}$$

式中 ψ—— 单电子的本征态波函数;

E—— 单电子本征态能量。

单电子有效势 $V(\boldsymbol{r})$ 是由晶格离子势和电子的相互作用势两部分构成的。在上述处理过程中认为电子是相互独立的,电子相互作用以某种平均的方式归并到单电子有效势中。

7.1.3 布洛赫定理

晶体具有周期性,其势场也是周期性的。因此电子在周期势场中满足的波函数具有一定的特性。布洛赫给出了这种特性,即布洛赫定理。布洛赫定理指出:

具有晶格周期性 $V(\boldsymbol{r}) = V(\boldsymbol{r} + \boldsymbol{R}_n)$ 势场运动的单电子薛定谔方程的本征函数具有如下形式:

$$\psi(\boldsymbol{r} + \boldsymbol{R}_n) = \mathrm{e}^{\mathrm{i}\boldsymbol{k}\cdot\boldsymbol{R}_n}\psi(\boldsymbol{r}) \tag{7.10}$$

上述为布洛赫定理,其物理意义为:在以晶格原胞为周期的势场中运动的电子,当平移晶格矢量 $\boldsymbol{R}_n$ 时,单电子态波函数只增加了位相因子 $\mathrm{e}^{\mathrm{i}\boldsymbol{k}\cdot\boldsymbol{R}^n}$。

布洛赫定理可表示为另外一种形式，即

$$\psi(\boldsymbol{r}) = e^{ikr}u(\boldsymbol{r}) \tag{7.11}$$

式中 $u(\boldsymbol{r})$—— 周期性函数。

$$u(\boldsymbol{r}+\boldsymbol{R}_n) = u(\boldsymbol{r}) \tag{7.12}$$

可见，布洛赫函数是平面波与周期函数的乘积，或者说布洛赫函数可以写为被周期函数所调幅的平面波（布洛赫波）的形式。需要说明的是，布洛赫定理的两种形式是等价的，可以相互从对方推出。

布洛赫定理说明晶体具有周期性，晶格势场具有周期性；晶体波函数在晶格等效点是相似的。满足布洛赫定理的波函数为布洛赫函数。由它描述的电子为布洛赫电子。

以一维周期点阵为例（图7.5），在 r 点的波函数（k，r）与在（$r+Na$）点的函数（k，$r+Na$）具有一定的联系。Bloch思想给出了这种联系，设 a 为晶格周期，N 为整数。

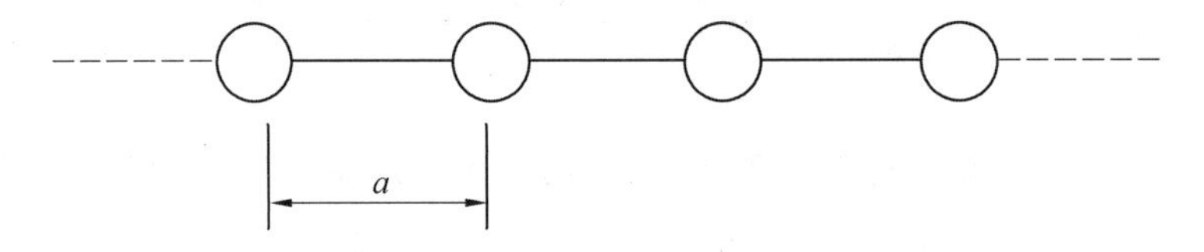

图7.5 一维晶格

根据Bloch定理，允许的晶格函数具有以下形式：

$$\psi(r+a) = e^{ika}\psi(r) \tag{7.13}$$

式中 ψ—— 晶格波函数；

k—— 电子的波矢；

a—— 晶格周期。

7.1.4 k 的取值

布洛赫函数及其能量本征值都与矢量 $\boldsymbol{k}$ 有关，不同的 $\boldsymbol{k}$ 对应不同的电子状态，称为波函数的波矢，是描述电子状态的量子数。$\hbar\boldsymbol{k}$ 起着动量的作用，称为准动量。布洛赫函数的波矢 $\boldsymbol{k}$ 也是描述电子状态的量子数。与自由电子波函数相区别，在布洛赫函数中一般用下脚标 $\boldsymbol{k}$ 表示不同的电子状态。

通常将 ψ 明确写为

$$\psi_k(\boldsymbol{r}) = e^{i\boldsymbol{k}\cdot\boldsymbol{r}}u_k(\boldsymbol{r}) \tag{7.14}$$

它是单电子薛定谔方程

$$\left[-\frac{\hbar^2}{2m}\nabla^2+V(\boldsymbol{r})\right]\psi_k(\boldsymbol{r}) = E\psi_k(\boldsymbol{r}) \tag{7.15}$$

的本征解，本征能量为 $E(\boldsymbol{k})$。

在晶体周期场中，电子可能的状态由 $\boldsymbol{k}$ 取值决定，$\boldsymbol{k}$ 的取值则由边界条件确定。

假设在有限晶体之外还有无穷多完全相同的晶体相互平行地堆积在整个空间内,并与各晶体内部相应位置上的电子状态相同。

设晶体原胞基矢 $\boldsymbol{a}_1$、$\boldsymbol{a}_2$ 和 $\boldsymbol{a}_3$ 方向各有 N_1、N_2、N_3 个原胞。由周期性边界条件,有

$$\begin{cases}\psi_{\boldsymbol{k}}(\boldsymbol{r})=\psi_{\boldsymbol{k}}(\boldsymbol{r}+N_1\boldsymbol{a}_1)\\ \psi_{\boldsymbol{k}}(\boldsymbol{r})=\psi_{\boldsymbol{k}}(\boldsymbol{r}+N_2\boldsymbol{a}_2)\\ \psi_{\boldsymbol{k}}(\boldsymbol{r})=\psi_{\boldsymbol{k}}(\boldsymbol{r}+N_3\boldsymbol{a}_3)\end{cases} \tag{7.16}$$

由式(7.16)第一式得到

$$\psi_{\boldsymbol{k}}(\boldsymbol{r}+N_1\boldsymbol{a}_1)=\mathrm{e}^{\mathrm{i}\boldsymbol{k}(\boldsymbol{r}+N_1\boldsymbol{a}_1)}u_{\boldsymbol{k}}(\boldsymbol{r})=\mathrm{e}^{\mathrm{i}\boldsymbol{k}N_1\boldsymbol{a}_1}\mathrm{e}^{\mathrm{i}\boldsymbol{k}\boldsymbol{r}}u_{\boldsymbol{k}}(\boldsymbol{r}) \tag{7.17}$$

而

$$\psi_{\boldsymbol{k}}(\boldsymbol{r})=\mathrm{e}^{\mathrm{i}\boldsymbol{k}\boldsymbol{r}}u_{\boldsymbol{k}}(\boldsymbol{r})$$

可见

$$\mathrm{e}^{\mathrm{i}\boldsymbol{k}N_1\boldsymbol{a}_1}=1 \tag{7.18}$$

必有

$$\boldsymbol{k}N_1\boldsymbol{a}_1=2l_1\pi \tag{7.19}$$

式中 l_1—— 整数。

又

$$\boldsymbol{a}_1\cdot\boldsymbol{b}_1=2\pi \tag{7.20}$$

$$\boldsymbol{k}=\frac{2l_1\pi}{N_1\boldsymbol{a}_1}=\frac{l_1\boldsymbol{b}_1}{N_1} \tag{7.21}$$

考虑三维,则

$$\boldsymbol{k}=\frac{l_1\boldsymbol{b}_1}{N_1}+\frac{l_2\boldsymbol{b}_2}{N_2}+\frac{l_3\boldsymbol{b}_3}{N_3} \tag{7.22}$$

式中 l_1、l_2、l_3——1,2,3,… 的整数。

可见,满足周期性边界条件的布洛赫波的波矢只能取一些分立值;波矢在空间中是均匀分布的,一个分立的波矢量对应一个状态点,其在波矢空间中所占的体积为

$$\frac{\boldsymbol{b}_1}{N_1}\cdot\left(\frac{\boldsymbol{b}_2}{N_2}\times\frac{\boldsymbol{b}_3}{N_3}\right)=\frac{\Omega^*}{N}=\frac{(2\pi)^3}{N\Omega}=\frac{(2\pi)^3}{V_c} \tag{7.23}$$

一个波矢代表点对应的体积为$\frac{(2\pi)^3}{V_c}$。电子按波矢分布的能态密度为$\frac{V_c}{(2\pi)^3}$。一个布里渊区含有的状态数等于

$$\frac{V_c}{(2\pi)^3}\cdot\frac{(2\pi)^3}{\Omega}=N \tag{7.24}$$

如果波矢 $\boldsymbol{k}$ 换成 $\boldsymbol{k}+\boldsymbol{G}_h$,$\boldsymbol{G}_h$ 是倒格矢。可以证明

$$\psi_{\boldsymbol{k}}(\boldsymbol{r})=\psi_{\boldsymbol{k}+\boldsymbol{G}_h}(\boldsymbol{r}) \tag{7.25}$$

$\boldsymbol{k}$ 和 $\boldsymbol{k}+\boldsymbol{G}_h$ 对应同一电子态,因此对应同一能量。故 $E(\boldsymbol{k})=E(\boldsymbol{k}+\boldsymbol{G}_h)$。

为使本征函数和本征值一一对应，即使电子的波矢与本征值 $E(\boldsymbol{k})$ 一一对应，必须把波矢 $\boldsymbol{k}$ 的值限制在一个倒格子原胞区间内，通常取第一布里渊区，即

$$-\frac{\boldsymbol{b}_i}{2}<\boldsymbol{k}_i\leqslant\frac{\boldsymbol{b}_i}{2}\quad(i=1,2,3)\tag{7.26}$$

$$-\frac{N_i}{2}<l_i\leqslant\frac{N_i}{2}\quad(i=1,2,3)\tag{7.27}$$

7.2 能带及其性质

7.2.1 能带结构

能带的形成是求解布洛赫电子薛定谔方程的必然结果。

单电子薛定谔方程的形式为

$$\left[-\frac{\hbar^2}{2m}\nabla^2+V(\boldsymbol{r})\right]\psi_{\boldsymbol{k}}(\boldsymbol{r})=E\psi_{\boldsymbol{k}}(\boldsymbol{r})$$

将布洛赫波函数形式代入上式，有

$$\left[-\frac{\hbar^2}{2m}\nabla^2+V(\boldsymbol{r})\right]\mathrm{e}^{\mathrm{i}\boldsymbol{kr}}u(\boldsymbol{r})=E\mathrm{e}^{\mathrm{i}\boldsymbol{kr}}u(\boldsymbol{r})$$

求解上式可求出单电子本征能量 $E(\boldsymbol{k})$ 以及 $u(\boldsymbol{k})$，进而求得 $\psi_{\boldsymbol{k}}(\boldsymbol{r})$。能量本征值与 $\boldsymbol{k}$ 有关，对于一个给定的 $\boldsymbol{k}$ 由上式得出无穷多个能量本征值和相应的本征函数，如式(7.28)所示。用量子数 n 表示第 n 个能量本征值（n 取1,2,3等），即为 $E_n(\boldsymbol{k})$，相应的本征态即为 $\psi_{n,\boldsymbol{k}}(\boldsymbol{r})$。

$$\begin{cases}E_1(\boldsymbol{k}),E_2(\boldsymbol{k}),E_3(\boldsymbol{k}),E_4(\boldsymbol{k}),E_5(\boldsymbol{k}),\cdots,E_n(\boldsymbol{k})\\ \psi_{1\boldsymbol{k}}(\boldsymbol{r}),\psi_{2\boldsymbol{k}}(\boldsymbol{r}),\psi_{3\boldsymbol{k}}(\boldsymbol{r}),\psi_{4\boldsymbol{k}}(\boldsymbol{r}),\psi_{5\boldsymbol{k}}(\boldsymbol{r}),\cdots,\psi_{n\boldsymbol{k}}(\boldsymbol{r})\end{cases}\tag{7.28}$$

式中，波矢 $\boldsymbol{k}$ 取值为

$$\boldsymbol{k}=\frac{l_1\boldsymbol{b}_1}{N_1}+\frac{l_2\boldsymbol{b}_2}{N_2}+\frac{l_3\boldsymbol{b}_3}{N_3}\tag{7.29}$$

波矢相邻取值之间相差很小。显然，对应同一 n 值，本征能量包含不同的 $\boldsymbol{k}$ 取值所对应的许多能级，这些能级在一定范围内变化，由能量的上下界构成一能带。不同的 n 值代表不同的能带，量子数 n 称为带指数，用来标志不同的能带。图7.6所示为二维晶格的能带；图7.7所示为Si的能带结构。

一般而言，在同一个能带中相邻 $\boldsymbol{k}$ 值的能量差别很小。故 $E_n(\boldsymbol{k})$ 可近似看作是 $\boldsymbol{k}$ 的连续函数。相邻两个能带之间可能出现电子不允许出现的能量间隙，称为能隙，或称为禁带。在能带理论中，能量本征值 $E_n(\boldsymbol{k})$ 的总体称为晶体的能带结构。

7.2.2 能带性质

可以证明，能带 $E_n(\boldsymbol{k})$ 具有以下的对称性：

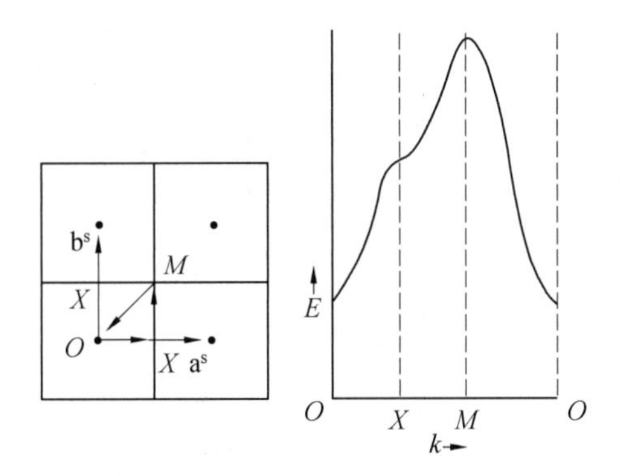

图 7.6　二维晶格的能带

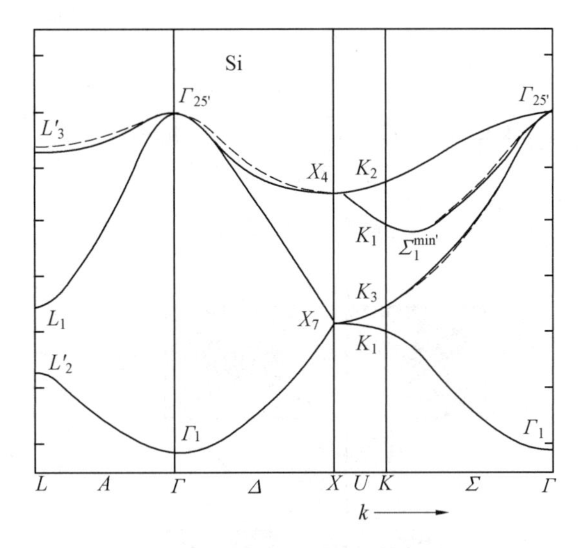

图 7.7　Si 的能带结构

$$E_n(\boldsymbol{k}+\boldsymbol{G})=E_n(\boldsymbol{k}) \tag{7.30}$$

$$E_n(\boldsymbol{k})=E_n(-\boldsymbol{k}) \tag{7.31}$$

$$E_n(\alpha\boldsymbol{k})=E_n(\boldsymbol{k}) \tag{7.32}$$

式(7.30)和式(7.31)表明 $E_n(\boldsymbol{k})$ 是 $\boldsymbol{k}$ 的周期函数，又是关于 $\boldsymbol{k}$ 的偶函数。式(7.32)表明的对称性中，α 表示晶体所属点群的对称操作，这种对称性是因为单电子势具有与晶体相同的对称性。

由于 $E_n(\boldsymbol{k})$ 是 $\boldsymbol{k}$ 的周期函数，所以只需将 $\boldsymbol{k}$ 的取值限制在一个布里渊区内就可以得到每个能带的全部独立的状态；而每个布里渊区内 $\boldsymbol{k}$ 的数目恰好等于晶体原胞数 N。因此每个能带中独立的状态数共有 N 个，考虑电子自旋后每个能带可以容纳 $2N$ 个电子。

7.2.3　能带的图示法

图 7.8 所示为扩展区图，图 7.9 所示为电子能带的三种表示方法。一般地，习惯

在第一布里渊区内标出能带，即采用简约布里渊区的方式。能带的三种图示法：①扩展区图，在不同的布里渊区画出不同的能带；②简约区图，将不同能带平移适当的倒格矢进入到第一布里渊区内表示（在简约布里渊区内画出所有的能带）；③周期区图，在每一个布里渊区中周期性地画出所有能带（强调任一特定波矢 $\boldsymbol{k}$ 的能量可以用和它相差 $\boldsymbol{G}_h$ 的波矢来描述）。

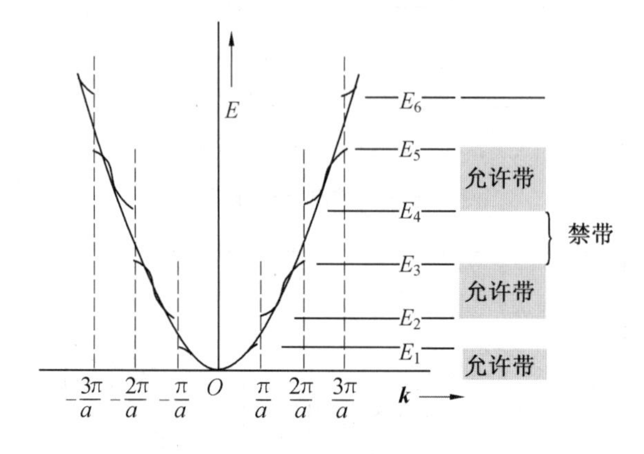

图 7.8 扩展区图

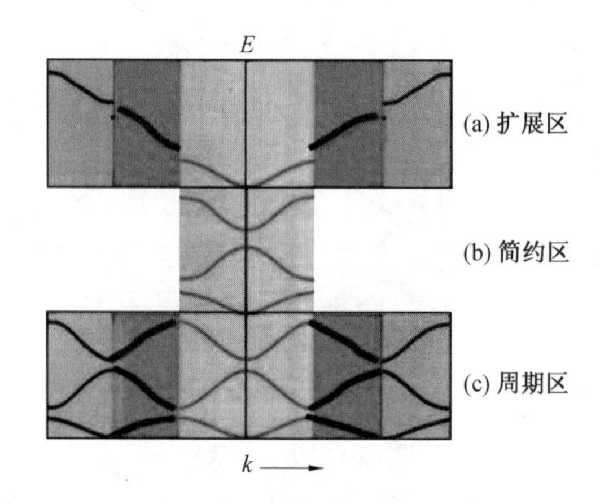

图 7.9 电子能带的三种表示方法

7.3 近自由电子近似

金属中的价电子在一个很弱的周期场中运动，价电子的行为很接近于自由电子。二者的区别在于近自由电子受到一个弱周期场的作用。因此可以把金属中的价电子看作是近自由电子。注意：虽然金属中价电子看作是近自由电子，只受弱周期场作用，但却体现了晶格的存在，有可能得到与自由电子理论本质上不同的效果。

对于自由电子，薛定谔方程为

$$-\frac{\hbar^2}{2m}\nabla^2\psi(\boldsymbol{r})=E\psi(\boldsymbol{r}) \tag{7.33}$$

对于周期场中的单电子，薛定谔方程为

$$\left(-\frac{\hbar^2}{2m}\nabla^2+V(\boldsymbol{r})\right)\psi(\boldsymbol{r})=E\psi(\boldsymbol{r}) \tag{7.34}$$

近自由电子近似是通过求解单电子薛定谔方程，研究电子在周期场中运动的一种方法。假定对于一维简单格子，原子沿 x 方向排列，周期场起伏较小，而电子的平均动能比其势能的绝对值大得多。作为零级近似，用势能的平均值 V_0 代替 $V(x)$，把周期性起伏 $\Delta V=V(x)-V_0$ 作为微扰来处理。

$$V(x)=V_0+\Delta V \tag{7.35}$$

对于周期为 a 的一维简单格子，则有 $V_0=\frac{1}{a}\int_{-a/2}^{a/2}V(x)\mathrm{d}x$ 是势能的平均值，V_0 可以设为 0，有

$$\left[-\frac{\hbar^2}{2m}\frac{\mathrm{d}^2}{\mathrm{d}x^2}+V(x)\right]\psi_k(x)=E_k\psi_k(x) \tag{7.36}$$

$$V(x)=V_0+\Delta V \tag{7.37}$$

$$V_0=0 \tag{7.38}$$

薛定谔方程变为

$$\left[-\frac{\hbar^2}{2m}\frac{\mathrm{d}^2}{\mathrm{d}x^2}+\Delta V\right]\psi_k(x)=E_k\psi_k(x) \tag{7.39}$$

按照微扰理论，哈密顿量写成

$$\hat{H}=\hat{H}_0+\hat{H}' \tag{7.40}$$

$$\hat{H}_0=-\frac{\hbar^2}{2m}\frac{\mathrm{d}^2}{\mathrm{d}x^2},\quad \hat{H}'=\Delta V \tag{7.41}$$

如不考虑微扰作用，则为自由电子近似：

$$\left[-\frac{\hbar^2}{2m}\frac{\mathrm{d}^2}{\mathrm{d}x^2}\right]\psi_k(x)=E_k\psi_k(x) \tag{7.42}$$

求解上述薛定谔方程，得到自由电子的解，波函数的形式为平面波：

$$E(k)=\frac{\hbar^2k^2}{2m} \tag{7.43}$$

考虑晶体弱周期场的微扰，近自由电子能谱在布里渊区边界（即 $k=\pm\pi/a$，$\pm 2\pi/a$，$\pm 3\pi/a$，…）处发生能量跳变，产生宽度分别为 $2|V_1|$，$2|V_2|$，$2|V_3|$，…的禁带，V_1，V_2，V_3，…为 ΔV 利用倒格矢进行傅立叶展开的对应项系数。这样在布里渊区边界得到能量间隙。自由电子的能谱 $E(k)$ 被分割为许多能带。图 7.10 所示为晶体弱周期场微扰的 $E-k$ 能谱及相应的能带。

上述结论可以推广到三维。在一维情形中能隙就是禁带，而对于三维情形，但 $\boldsymbol{k}$ 在某一布里渊区界面时所出现的能隙并不一定是禁带，因为在 $\boldsymbol{k}$ 空间的其他方向该能量范围的电子状态可能是允许的。

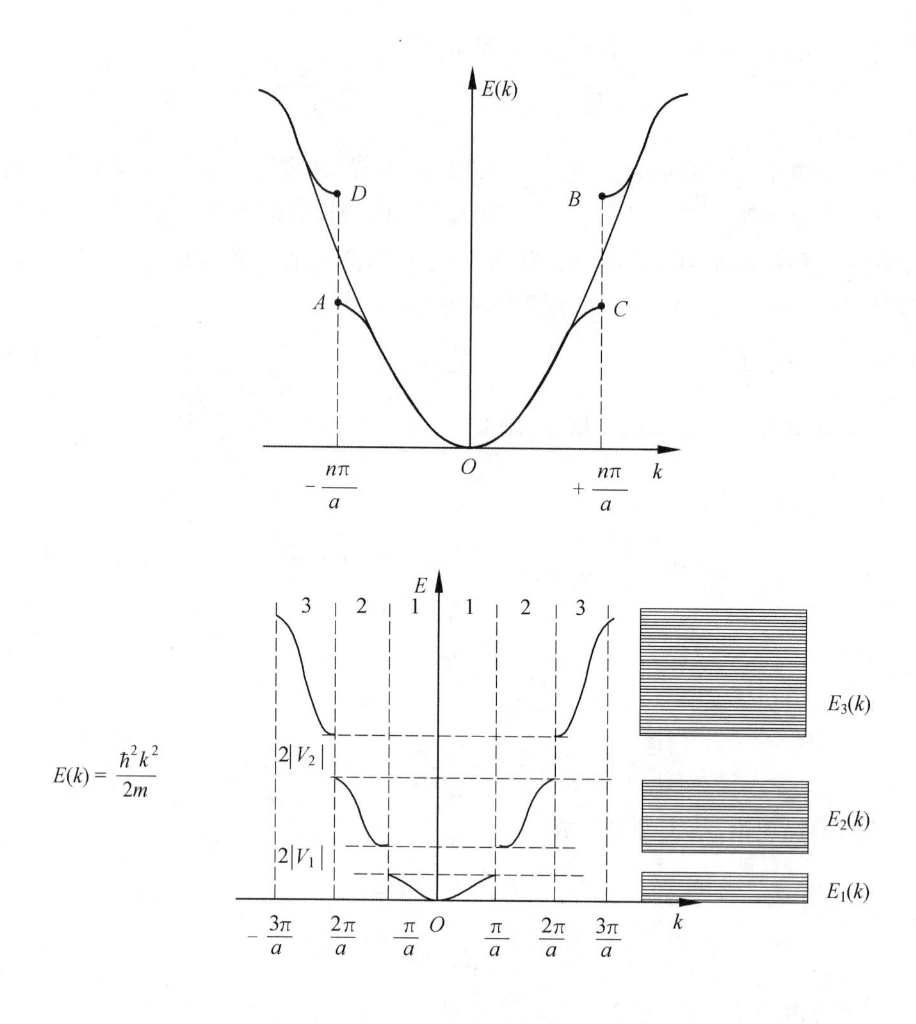

图 7.10 近自由电子能谱和能带

7.4 紧束缚近似

在近自由电子近似中,从自由电子出发研究晶体中的电子态,把晶格周期场当作是弱的微扰处理,是一种极端情况,除金属外,并非所有晶体都适用。如果电子受原子核束缚较强,原子之间的相互作用因原子间距较大等原因较弱,晶体中的电子更接近于孤立原子附近的电子,这是另外一种情况。典型者如内壳层电子、绝缘体电子、部分金属 3d 电子等。这时可以从原子出发,研究晶体中的电子态,认为原子结合成晶体后,价电子受原子的束缚较紧,基本保持原子状态的特征,其他原子的作用可以看作是微扰,这种近似可以称为紧束缚近似。

7.4.1 模型和微扰计算

设晶体由 N 个相同的原子组成，如图 7.11 所示。晶体中的电子在某个原子附近时主要受该原子势场 $V(\boldsymbol{r}-\boldsymbol{R}_n)$ 的作用，其他原子的作用视为微扰来处理，以孤立原子的电子态作为零级近似。$\boldsymbol{r}$ 表示某电子的位置，$\boldsymbol{R}_n$ 为束缚电子所属的原子。

势场为

$$V(\boldsymbol{r})=V^{at}(\boldsymbol{r}-\boldsymbol{R}_n)+\sum_{\boldsymbol{R}_\mathrm{m}}{}'V^{at}(\boldsymbol{r}-\boldsymbol{R}_\mathrm{m}) \tag{7.44}$$

式中 $V(\boldsymbol{r}-\boldsymbol{R}_n)$—— 位于 $\boldsymbol{R}_n=n_1\boldsymbol{a}_1+n_2\boldsymbol{a}_2+n_3\boldsymbol{a}_3$ 的孤立原子在 $\boldsymbol{r}$ 处的势场；

$\sum\limits_{\boldsymbol{R}_\mathrm{m}}{}'$—— 求和不含 $\boldsymbol{R}_\mathrm{m}=\boldsymbol{R}_n$ 一项。

记

$$H=-\frac{\hbar^2}{2m}\nabla^2+V^{at}(\boldsymbol{r}-\boldsymbol{R}_n)+\sum_{\boldsymbol{R}_\mathrm{m}}{}'V^{at}(\boldsymbol{r}-\boldsymbol{R}_\mathrm{m})=H_0+H \tag{7.45}$$

则

$$H_0=-\frac{\hbar^2}{2m}\nabla^2+V^{at}(\boldsymbol{r}-\boldsymbol{R}_n) \tag{7.46}$$

$$H'=\sum_{\boldsymbol{R}_\mathrm{m}}{}'V^{at}(\boldsymbol{r}-\boldsymbol{R}_\mathrm{m}) \tag{7.47}$$

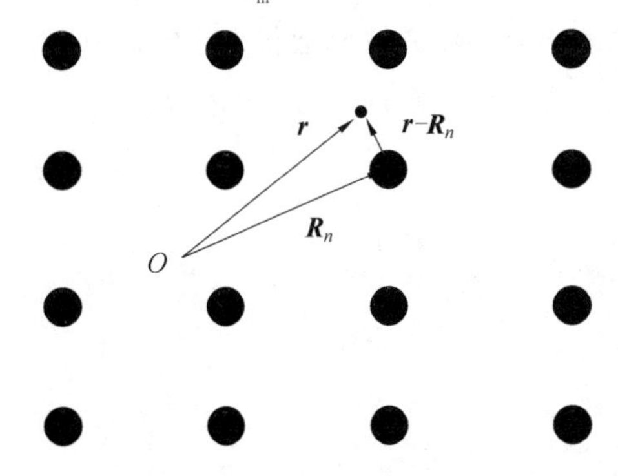

图 7.11 晶体中原子核电子示意图

如果不考虑原子间的相互影响，在格点 $\boldsymbol{R}_n$ 附近的电子将以原子束缚态 φ_α^{at} 绕 $\boldsymbol{R}_n$ 点运动。$\varphi_\alpha^{at}(\boldsymbol{r}-\boldsymbol{R}_n)$ 表示孤立原子的电子波函数。孤立原子运动方程为

$$H_0\varphi_\alpha^{at}(\boldsymbol{r}-\boldsymbol{R}_n)=E_\alpha^{at}\varphi_\alpha^{at}(\boldsymbol{r}-\boldsymbol{R}_n) \tag{7.48}$$

式中，孤立原子中的电子能级表示为 α，α 取 1s、2s、2p 等。

记晶体中的电子运动方程为 $\psi_\alpha(\boldsymbol{k},\boldsymbol{r})$，则

$$H\psi_\alpha(\boldsymbol{r}-\boldsymbol{R}_n)=E_\alpha\psi_\alpha(\boldsymbol{r}-\boldsymbol{R}_n) \tag{7.49}$$

$\psi_\alpha(\boldsymbol{k},\boldsymbol{r})$ 与 $\varphi_\alpha^{at}(\boldsymbol{r}-\boldsymbol{R}_n)$ 的关系考虑如下：

如果晶体是由 N 个相同的原子构成的布喇菲晶格，则在各原子附近将有 N 个相

同的能量 E_{α}^{at} 的束缚态波函数 φ_{α}^{at}，因此在不考虑原子间相互作用时，应有 N 个类似的方程，例如取 a 为 s，则有

$$E_s^{at} \rightarrow \begin{cases} \varphi_s^{at}(\boldsymbol{r}-\boldsymbol{R}_1) \\ \varphi_s^{at}(\boldsymbol{r}-\boldsymbol{R}_2) \\ \vdots \\ \varphi_s^{at}(\boldsymbol{r}-\boldsymbol{R}_N) \end{cases} \tag{7.50}$$

这些波函数对应于同样的能量 E_s^{at}，是 N 重简并的。这些原子形成晶体后，晶体中电子运动波函数应为 N 个原子轨道波函数的线性组合，即用孤立原子的电子波函数 φ_{α}^{at} 的线性组合来构成晶体中电子共有化运动的波函数，因此紧束缚近似也称为原子轨道函数线性组合法，简称 LCAO。

$$\psi_{\alpha}(\boldsymbol{k},\boldsymbol{r}) = \sum_{\boldsymbol{R}_n} C_n \varphi_{\alpha}^{at}(\boldsymbol{r}-\boldsymbol{R}_n) \tag{7.51}$$

为满足布洛赫定理的要求，展开系数 C_n 可以写为

$$C_n = C\mathrm{e}^{\mathrm{i}\boldsymbol{k}\cdot\boldsymbol{R}_n} \tag{7.52}$$

得到

$$\psi_{\alpha}(\boldsymbol{k},\boldsymbol{r}) = \frac{1}{\sqrt{N}} \sum_{\boldsymbol{R}_n} \mathrm{e}^{\mathrm{i}\boldsymbol{k}\cdot\boldsymbol{R}_n} \varphi_{\alpha}^{at}(\boldsymbol{r}-\boldsymbol{R}_n) \tag{7.53}$$

式中 $1/\sqrt{N}$ 是归一化的要求。将此波函数代入薛定谔方程，有

$$H\psi_{\alpha}(\boldsymbol{k},\boldsymbol{r}) = E_{\alpha}(\boldsymbol{k})\psi_{\alpha}(\boldsymbol{k},\boldsymbol{r}) \tag{7.54}$$

得到

$$\frac{1}{\sqrt{N}} \sum_{\boldsymbol{R}_n} \mathrm{e}^{\mathrm{i}\boldsymbol{k}\cdot\boldsymbol{R}_n} \left[-\frac{\hbar^2}{2m}\nabla^2 + V^{at}(\boldsymbol{r}-\boldsymbol{R}_n) + \sum_{R_\mathrm{m}}{}' V^{at}(\boldsymbol{r}-\boldsymbol{R}_\mathrm{m}) - E_{\alpha}(\boldsymbol{k}) \right] \varphi_{\alpha}^{at}(\boldsymbol{r}-\boldsymbol{R}_n) = 0 \tag{7.55}$$

设

$$-\frac{\hbar^2}{2m}\nabla^2 + V^{at}(\boldsymbol{r}-\boldsymbol{R}_n) = H_0 \tag{7.56}$$

求解下式

$$H_0\varphi_{\alpha}^{at}(\boldsymbol{r}-\boldsymbol{R}_n) = E_{\alpha}^{at}\varphi_{\alpha}^{at}(\boldsymbol{r}-\boldsymbol{R}_n) \tag{7.57}$$

得到 E_{α}^{at}。

进一步，考虑其他原子作用的势场，关于

$$\frac{1}{\sqrt{N}} \sum_{\boldsymbol{R}_n} \mathrm{e}^{\mathrm{i}\boldsymbol{k}\cdot\boldsymbol{R}_n} \left[-\frac{\hbar^2}{2m}\nabla^2 + V^{at}(\boldsymbol{r}-\boldsymbol{R}_n) + \sum_{\boldsymbol{R}_\mathrm{m}}{}' V^{at}(\boldsymbol{r}-\boldsymbol{R}_\mathrm{m}) - E_{\alpha}(\boldsymbol{k}) \right] \varphi_{\alpha}^{at}(\boldsymbol{r}-\boldsymbol{R}_n) = 0 \tag{7.58}$$

的解对应的能量可由 E_{α}^{at} 进行修正处理。

经过计算得到

$$E_\alpha(\boldsymbol{k}) = E_\alpha^{at} - J_{ss} - \sum_{\boldsymbol{R}_n}{}' \mathrm{e}^{\mathrm{i}\boldsymbol{k}\cdot(\boldsymbol{R}_n - \boldsymbol{R}_s)} J_{sn} \tag{7.59}$$

式中

$$\int \varphi_\alpha^{*at}(\boldsymbol{r} - \boldsymbol{R}_s) \sum_{\boldsymbol{R}_\mathrm{m}}{}' V^{at}(\boldsymbol{r} - \boldsymbol{R}_\mathrm{m}) \varphi_\alpha^{at}(\boldsymbol{r} - \boldsymbol{R}_s) \mathrm{d}\tau = -J_{ss} \tag{7.60}$$

$$\int \varphi_\alpha^{*at}(\boldsymbol{r} - \boldsymbol{R}_s) \sum_{\boldsymbol{R}_\mathrm{m}}{}' V^{at}(\boldsymbol{r} - \boldsymbol{R}_\mathrm{m}) \varphi_\alpha^{at}(\boldsymbol{r} - \boldsymbol{R}_n) \mathrm{d}\tau = -J_{sn} \tag{7.61}$$

式中，J_{ss} 和 J_{sn} 是晶体中公有化电子的能量相对于处于单个孤立原子状态时能量的修正值，是在自由（孤立）原子 E_α^{at} 的基础上修正。孤立原子的能级与晶体中的电子能带相对应。根据波函数下标 α 的取值，得到 1s、2s、2p 等对应的能带。

J_{sn} 表示相距为$\boldsymbol{R}_s - \boldsymbol{R}_n$ 的两个格点上的波函数的重叠积分，它依赖于 $\varphi_\alpha^{at}(\boldsymbol{r} - \boldsymbol{R}_n)$ 与 $\varphi_\alpha^{at}(\boldsymbol{r} - \boldsymbol{R}_s)$ 的重叠程度。$\boldsymbol{R}_s = \boldsymbol{R}_n$ 时重叠最完全，即 J_{ss} 最大，其次是最近邻格点的波函数的重叠积分，涉及较远格点的积分很小，通常可忽略不计。

$$E_\alpha(\boldsymbol{k}) = E_\alpha^{at} - J_{ss} - \sum_{\boldsymbol{R}_n}{}' \mathrm{e}^{\mathrm{i}\boldsymbol{k}\cdot(\boldsymbol{R}_n - \boldsymbol{R}_s)} J_{sn} \approx E_\alpha^{at} - J_{ss} - \sum_{\boldsymbol{R}_n}^{\text{近邻}} \mathrm{e}^{\mathrm{i}\boldsymbol{k}\cdot(\boldsymbol{R}_n - \boldsymbol{R}_s)} J_{sn} \tag{7.62}$$

近邻原子的波函数重叠越多，J_{sn} 的值越大，能带将越宽。因此原子内层电子所对应的能带较窄，而且不同原子态所对应的 J_{ss} 和 J_{sn} 是不同的。

由上述能量表达式可以看出，$E(\boldsymbol{k})$ 不仅与 $\boldsymbol{k}$ 有关，而且是 $\boldsymbol{k}$ 的周期函数，说明在紧束缚条件下原子的能级已经扩展为能带。$E(\boldsymbol{k})$ 与 $\boldsymbol{k}$ 的关系取决于其中的求和项，而具体结果又与晶体的结构有关。

7.4.2 举例

现考虑简单立方晶体中，由孤立原子 s 态所形成的能带。由于 s 态波函数是球对称的，因而 J_{sn} 仅与原子间距有关，只要原子间距相等，重叠积分就相等。对于简立方，最近邻原子有 6 个，以远点处原子为参考原子，6 个最近邻原子的坐标为：$(\pm a, 0, 0)$，$(0, \pm a, 0)$，$(0, 0, \pm a)$（其中 a 为晶格常量）。

对 6 个最近邻原子，J_{sn} 具有相同的值，不妨用 J 表示，这样得能量函数 $E_s(\boldsymbol{k})$ 为

$$\begin{aligned} E_s(\boldsymbol{k}) &= E_s^{at} - J_{ss} - J \sum_{\boldsymbol{R}_n}^{\text{近邻}} \mathrm{e}^{\mathrm{i}\boldsymbol{k}\cdot(\boldsymbol{R}_n - \boldsymbol{R}_s)} \\ &= E_s^{at} - J_{ss} - J(\mathrm{e}^{\mathrm{i}k_x a} + \mathrm{e}^{-\mathrm{i}k_x a} + \mathrm{e}^{\mathrm{i}k_y a} + \mathrm{e}^{-\mathrm{i}k_y a} + \mathrm{e}^{\mathrm{i}k_z a} + \mathrm{e}^{-\mathrm{i}k_z a}) \\ &= E_s^{at} - J_{ss} - 2J(\cos k_x a + \cos k_y a + \cos k_z a) \\ &= E_s^{at} - J_{ss} - 2J(\cos k_x a + \cos k_y a + \cos k_z a) \end{aligned} \tag{7.63}$$

在能带底处，k_x、k_y、$k_z = 0$，能量有最小值

$$E_{s\min} = E_\alpha^{at} - J_{ss} - 6J \tag{7.64}$$

在简约布里渊区边界 k_x、k_y、$k_z = \pm\dfrac{\pi}{a}$ 处，能量有最大值

$$E_{s\max}=E_{\alpha}^{at}-J_{ss}+6J \quad (7.65)$$

能带的宽度为

$$\Delta E=E_{s\max}-E_{s\min}=12J \quad (7.66)$$

可见能带宽度由两个因素决定：① 重叠积分 J 的大小；②J 前的数字，而数字的大小取决于最近邻格点的数目，即晶体的配位数。因此，可以预料，波函数重叠程度越大，配位数越大，能带越宽，反之，能带越窄。图 7.12 所示为固体中电子能带和孤立原子中电子能级的关系。

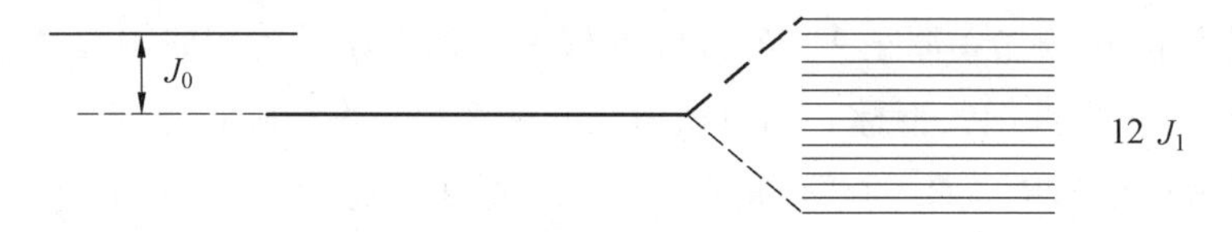

图 7.12 原子能级分裂成能带示意图

7.4.3 适用性

(1) 上面讨论的是最简单的情况，只适用于 s 态电子，一个原子能级 E_{α}^{at} 对应一个能带。

(2) 若考虑 p 态电子，d 态电子，这些状态是简并的，N 个原子组成的晶体形成能带比较复杂，一个能带不一定同孤立原子的某个能级对应，可能出现能带交叠，此处不讨论。

至此，我们学习了近自由电子近似和紧束缚电子两种方法，作为计算能带的方法都不够精确。在实际晶体中价电子往往既不是近自由电子也不是紧束缚的，因而需要更精确的方法。但在这两种近似模型中，从两种极端的情况出发，展现了两种形成能带的物理图像，对于了解能带的形成及其一般特性有重要的作用。

7.5 等能面和能态密度

7.5.1 等能面

在三维空间内不可能绘出 $E_n(\boldsymbol{k})$ 的完整图像，而 $E_n(\boldsymbol{k})$ 在 $\boldsymbol{k}$ 空间中的等能面是能带性质的一个重要内容。在分析晶体的物理性质时特别是电子输运性质时，最重要的是未填满的能带，它在 $\boldsymbol{k}$ 空间的等能面特别重要。金属中 $E_n(\boldsymbol{k})=E_{\mathrm{F}}$ 的面为费米面。自由电子气的等能面是球面，但能带中的等能面的形状是很复杂的。图 7.13 所示为简单立方晶格 s 带的等能面。

7.5.2 能态密度

给出能态密度 $g(E)$ 随 E 的变化图形，可以清楚显示能带中电子态的分布以及能

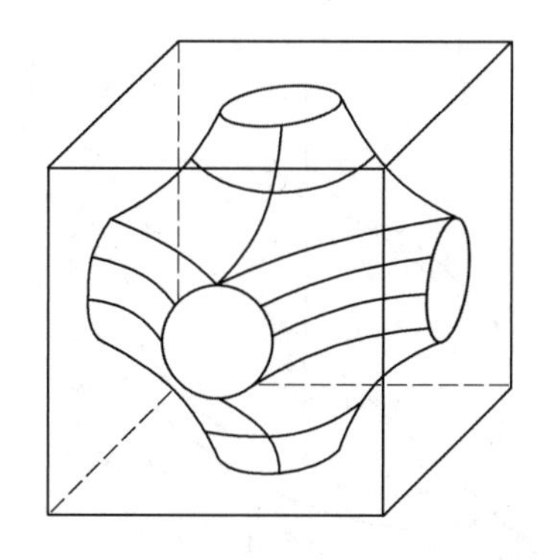

图 7.13 简单立方晶体 s 带的等能面

带之间是否交叠，对于分析电子在各能带中的填充情况具有重要意义。

$g(E)$ 可以根据 $E_n(\boldsymbol{k})$ 与 $\boldsymbol{k}$ 的函数关系求出。采用简约图，将 $\boldsymbol{k}$ 限制在第一布氏区。设费米分布函数 $f_n(\boldsymbol{k})$ 表示第 n 个能带中波矢为 $\boldsymbol{k}$ 的状态被占据的概率，则填充各能带的电子总数为

$$N = 2\sum_n \sum_k f_n(\boldsymbol{k}) \tag{7.67}$$

因子 2 是考虑电子自旋引入的。$\boldsymbol{k}$ 的分布密度是 $V/(2\pi)^3$，可以认为是连续变化的。式(7.67) 中对 $\boldsymbol{k}$ 的求和可以用积分代替。$f_n(\boldsymbol{k})$ 与 $\boldsymbol{k}$ 的关系，可以通过 $E_n(\boldsymbol{k})$ 来决定。利用 δ 函数的性质，有

$$\begin{aligned} N &= \sum_n \frac{V}{4\pi^3}\int \mathrm{d}\boldsymbol{k} f_n(\boldsymbol{k}) \\ &= \sum_n \frac{V}{4\pi^3}\int \mathrm{d}\boldsymbol{k}\int \mathrm{d}E f(E)\delta(E - E_n(\boldsymbol{k})) \\ &= \sum_n \int \mathrm{d}E f(E) g_n(E) \end{aligned} \tag{7.68}$$

式中 $g_n(E)$—— 第 n 个能带的能态密度，$g_n(E) = \frac{V}{4\pi^3}\int \mathrm{d}\boldsymbol{k}\delta(E - E_n(\boldsymbol{k}))$。

$\boldsymbol{k}$ 的积分在第一布里渊区进行。定义总的能态密度为

$$g(E) = \sum_n g_n(E) \tag{7.69}$$

它的数学形式与声子模式密度完全形同，可以通过等能面的积分来表示。

如图 7.14 所示，考虑 $\boldsymbol{k}$ 空间中能量为 E 及 $E + \mathrm{d}E$ 的两个等能面，面积为 $S_n(E)$ 和 $S_n(E + \mathrm{d}E)$，在 k 点的垂直距离为 δk，在等能面 $S_n(E)$ 上取面积元 $\mathrm{d}S$，则两等能面之间的体积元 $\mathrm{d}V$ 表示为

$$\mathrm{d}V = \mathrm{d}S\delta k \tag{7.70}$$

能量梯度 $\nabla_k E$ 是垂直于等能面的矢量，其绝对值等于该方向 E 随 $\boldsymbol{k}$ 的变化率，有

$$\mathrm{d}V = |\nabla_k E|\delta\boldsymbol{k} \tag{7.71}$$

所以有

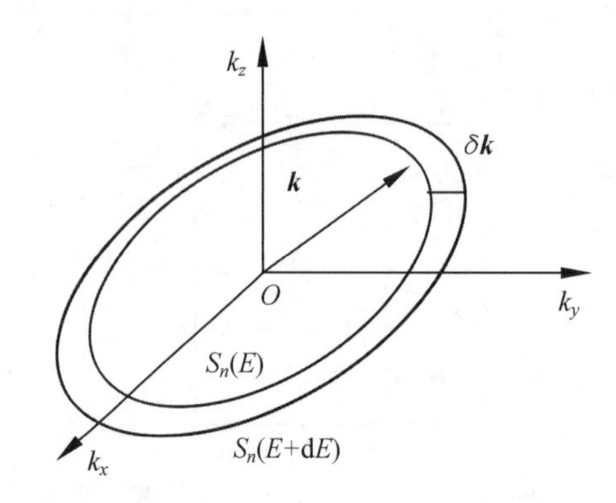

图 7.14 能量为 E 和 $E+dE$ 的两个等能面

$$dV=\frac{dSdE}{|\nabla_k E|} \tag{7.72}$$

代入得

$$\begin{aligned} g_n(E) &= \frac{V}{4\pi^3}\int dSdE\,\frac{\delta(E-E_n(\boldsymbol{k}))}{|\nabla_k E|} \\ &= \frac{V}{4\pi^3}\int \frac{dS}{\nabla_k E_n(\boldsymbol{k})} \end{aligned} \tag{7.73}$$

面积分是在 $E_n(\boldsymbol{k})=E$ 的等能面上进行的。一般情况下，$g_n(E)$ 的计算难以得到解析形式，并且 $g(E)$ 随 E 的变化曲线会出现复杂的精细结构。

7.6 准经典近似

了解了固体中电子的能量(本征值)，可以根据统计物理的一般原理，研究诸如比热容和热激发等与电子统计有关的问题；解电子的能量(本征值)和能级(本征态)，可以分析电子的跃迁问题。如何研究晶体中的布洛赫电子在外场中的运动规律也是人们比较关注的问题。

利用量子力学，求解周期势场和外加场的薛定谔方程非常复杂和困难，物理图像也不直观。经典处理方法思路如下：把波矢在一个很小的范围内变化的布洛赫函数叠加起来，形成一个“波包”；“波包”描述的电子在空间的分布不再具有晶格周期性，而在某一范围内出现的概率最大。一定的条件下，把布洛赫电子等价于某种波包的运动。引入波包，可以解决布洛赫电子在晶体中的位置问题，波包的群速度可以代表电子在 $\boldsymbol{r}$ 空间的平均速度；把布洛赫波当成准经典粒子，外场引起的布洛赫电子状态的变化，可以通过有效质量和准动量表示为经典力学形式。把布洛赫电子作为准经典粒子的近似处理方法称为准经典近似。

7.6.1 晶体中电子的速度

电子的粒子性可以通过由波矢相近的许多布洛赫波的叠加来表示。由波矢不同

的布洛赫波叠加而成的局限在一定空间的波称为波包。作为粒子的电子运动的平均速度是波包的群速度。由波动力学，有

$$v_g = \frac{\partial \omega}{\partial k} \tag{7.74}$$

由爱因斯坦关系得到

$$E = \hbar\omega \tag{7.75}$$

因而有

$$v = \frac{1}{\hbar}\frac{\partial E}{\partial \boldsymbol{k}} \tag{7.76}$$

对于三维空间

$$v = \frac{1}{\hbar}\nabla_k E(\boldsymbol{k}) \tag{7.77}$$

特别注意准经典近似的条件：由于布洛赫波有色散现象，稳定的波包包含的波矢范围是一个很小的量；因布洛赫有独立物理意义的波矢被限制在简约布里渊区内，因此波包中波矢的变化范围 $\boldsymbol{k}$ 应远小于布里渊区的尺度。

$$\Delta k < \frac{2\pi}{a} \tag{7.78}$$

或

$$\Delta x > a \tag{7.79}$$

如果波包的大小比原胞的尺度大得多，晶体中的电子运动可以用波包的运动规律进行描述：波包中心的位置相当于电子的位置；波包移动的速度等于粒子处于波包中心的状态所具有的平均速度。

布洛赫电子速度的性质如下：

(1) 平均电子速度只与能量和波矢有关，对时间和空间而言是常数，平均速度不会衰减；晶体中的电子不会被晶体中静止的原子散射，严格周期性的晶体电阻为 0。

(2) 晶体电子速度是 $\boldsymbol{k}$ 的奇函数

$$v(\boldsymbol{k}) = -v(-\boldsymbol{k}) \tag{7.80}$$

(3) 晶体中电子的平均运动速度取决于能带结构在 k 空间的变化率。

以一维晶格为例

$$v_n(k) = \frac{1}{\hbar}\nabla_k E_n(k) \tag{7.81}$$

图 7.15 所示为波包速度的分布，可见：

$\frac{\mathrm{d}E}{\mathrm{d}k} = 0$ 速度为零，这时对应 $k = 0, \frac{\pi}{a}$ 或者带顶、带底的位置。

$\frac{\mathrm{d}^2 E}{\mathrm{d}k^2} = 0$ 代表速度最大的位置，这时对应 $k = \frac{\pi}{2a}$，即曲线 C 处。

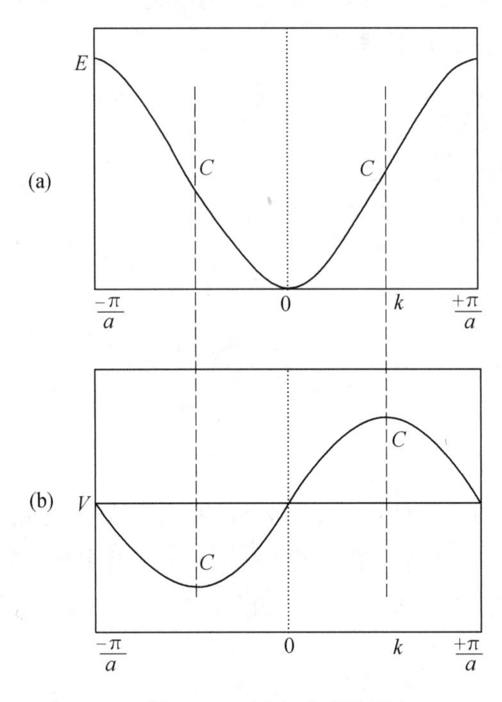

图 7.15　波包速度的分布

7.6.2　晶体电子的准动量

在波矢 $\boldsymbol{k}$ 空间内，电子的能量等于定值的曲面为等能面，对于自由电子，等能面为一个同心球面；对于布洛赫电子 $\hbar\boldsymbol{k}$ 具有动量的量纲，称为准动量。

在下列条件下用准经典的模型处理：外场的波长远大于晶格常数，即需要外场的频率满足

$$\hbar\omega \leqslant E_g \tag{7.82}$$

在外场作用下，单位时间内晶体电子的能量变化为

$$\frac{\mathrm{d}E}{\mathrm{d}t} = \boldsymbol{F}\boldsymbol{v} \tag{7.83}$$

由于布洛赫电子能量 $E(\boldsymbol{k})$ 取决于状态波矢 $\boldsymbol{k}$，在外场作用下，电子波矢的变化导致电子能量的变化

$$\frac{\mathrm{d}E}{\mathrm{d}t} = \frac{\mathrm{d}E}{\mathrm{d}\boldsymbol{k}}\frac{\mathrm{d}\boldsymbol{k}}{\mathrm{d}t} = \boldsymbol{v}\frac{\mathrm{d}(\hbar\boldsymbol{k})}{\mathrm{d}t} \tag{7.84}$$

有：$\frac{\mathrm{d}(\hbar\boldsymbol{k})}{\mathrm{d}t} = \boldsymbol{F}$ 类似于牛顿第二定律。$\hbar\boldsymbol{k}$ 具有准动量的作用。

7.6.3　晶体电子的有效质量

外场力引起晶体电子状态的变化，引起电子速度的变化，电子的平均加速度为

$$\frac{\mathrm{d}\boldsymbol{v}}{\mathrm{d}t}=\frac{\mathrm{d}}{\mathrm{d}t}\left[\frac{1}{\hbar}\nabla_k E(\boldsymbol{k})\right]=\frac{1}{\hbar}\frac{\partial^2 E(\boldsymbol{k})}{\partial\boldsymbol{k}\partial\boldsymbol{k}}\cdot\frac{\mathrm{d}\boldsymbol{k}}{\mathrm{d}t} \tag{7.85}$$

$$\frac{\mathrm{d}(\hbar\boldsymbol{k})}{\mathrm{d}t}=\boldsymbol{F} \tag{7.86}$$

$$\frac{\mathrm{d}\boldsymbol{v}}{\mathrm{d}t}=\frac{1}{\hbar^2}\frac{\partial^2 E(\boldsymbol{k})}{\partial\boldsymbol{k}\partial\boldsymbol{k}}\cdot\boldsymbol{F}=\frac{1}{\hbar^2}\nabla_k^2 E(\boldsymbol{k})\cdot\boldsymbol{F} \tag{7.87}$$

写为矩阵形式

$$\begin{bmatrix}\dfrac{\mathrm{d}v_x}{\mathrm{d}t}\\ \dfrac{\mathrm{d}v_y}{\mathrm{d}t}\\ \dfrac{\mathrm{d}v_z}{\mathrm{d}t}\end{bmatrix}=\frac{1}{\hbar^2}\begin{bmatrix}\dfrac{\partial^2 E}{\partial k_x^2} & \dfrac{\partial^2 E}{\partial k_x\partial k_y} & \dfrac{\partial^2 E}{\partial k_x\partial k_z}\\ \dfrac{\partial^2 E}{\partial k_y\partial k_x} & \dfrac{\partial^2 E}{\partial k_y^2} & \dfrac{\partial^2 E}{\partial k_y\partial k_z}\\ \dfrac{\partial^2 E}{\partial k_z\partial k_x} & \dfrac{\partial^2 E}{\partial k_z\partial k_y} & \dfrac{\partial^2 E}{\partial k_z^2}\end{bmatrix}\begin{bmatrix}F_x\\ F_y\\ F_z\end{bmatrix} \tag{7.88}$$

对比牛顿定律

$$\frac{\mathrm{d}\boldsymbol{v}}{\mathrm{d}t}=\frac{1}{m}\boldsymbol{F} \tag{7.89}$$

$\dfrac{1}{\hbar^2}\dfrac{\partial^2 E(\boldsymbol{k})}{\partial\boldsymbol{k}\partial\boldsymbol{k}}$ 与自由电子质量的倒数相当。

由此,定义有效质量

$$\frac{1}{m^*}=\frac{1}{\hbar^2}\frac{\partial^2 E(\boldsymbol{k})}{\partial\boldsymbol{k}\partial\boldsymbol{k}} \tag{7.90}$$

用对角化的矩阵描写

$$\begin{bmatrix}m_x^* & 0 & 0\\ 0 & m_y^* & 0\\ 0 & 0 & m_z^*\end{bmatrix}=\begin{bmatrix}\dfrac{\hbar^2}{\dfrac{\partial^2 E(\boldsymbol{k})}{\partial k_x^2}} & 0 & 0\\ 0 & \dfrac{\hbar^2}{\dfrac{\partial^2 E(\boldsymbol{k})}{\partial k_y^2}} & 0\\ 0 & 0 & \dfrac{\hbar^2}{\dfrac{\partial^2 E(\boldsymbol{k})}{\partial k_z^2}}\end{bmatrix} \tag{7.91}$$

可以写为

$$m_i^*\frac{\mathrm{d}v_i}{\mathrm{d}t}=F_i\quad(i=x,y,z) \tag{7.92}$$

$$m_i^*=\hbar^2\left(\frac{\partial^2 E(\boldsymbol{k})}{\partial k_i^2}\right)^{-1} \tag{7.93}$$

有效质量把晶体中电子准经典运动的加速度和外场力直接联系起来,当外力作用于晶体时,晶体中电子状态的变化是外力与晶体周期场共同作用的结果。引入有效质量的意义就在于它概括了晶格周期场的作用,使电子的加速度与外力直接联系起来,且满足简单的关系:

$$\boldsymbol{F}_{外}=m^{*}\boldsymbol{a} \tag{7.94}$$

避免了周期场作用力,使问题简化。

电子与晶格相互作用,受外力 F 外和晶格力(内力)F_1 作用

$$\frac{\mathrm{d}\boldsymbol{v}}{\mathrm{d}t}=\frac{1}{m}(\boldsymbol{F}+\boldsymbol{F}_1)=\frac{1}{m^{*}}\cdot\boldsymbol{F} \tag{7.95}$$

有效质量与惯性质量的区别:

① 有效质量是一个张量,电子加速度方向一般不与其外力一致。自由电子的惯性质量是标量,加速度方向与所受合外力一致。

②m^{*} 与电子状态有关,是 $\boldsymbol{k}$ 的函数。惯性质量 m 是常数,只有正值。有效质量 $m^{*}_{底}>0$, $m^{*}_{顶}<0$。

设一维情况:

$$m^{*}=\hbar^2\left(\frac{\partial^2E(\boldsymbol{k})}{\partial\boldsymbol{k}^2}\right)^{-1} \tag{7.96}$$

③ 反比于能带的曲率。曲率越大,则有效质量越小;内层电子能带较窄,$\mathrm{d}^2E/\mathrm{d}\boldsymbol{k}^2$ 小,内层电子的有效质量较大;外层电子的能级较宽,$\mathrm{d}^2E/\mathrm{d}\boldsymbol{k}^2$ 大,外层电子的有效质量较小。

有效质量可以是正,也可以是负。在能带底和能带顶,$E(\boldsymbol{k})$ 取极小值和极大值,分别具有正值和负值的二级微商,因此在能带底,有效质量为正;在能带顶,有效质量为负;在拐点处,二阶微商为0,有效质量为无穷大。

从电子与晶格相互作用来加以考虑;晶体电子除受外场力 $\boldsymbol{F}$ 作用外,还受晶格力 $\boldsymbol{F}_1$ 作用。则牛顿方程为

$$\frac{\mathrm{d}\boldsymbol{v}}{\mathrm{d}t}=\frac{1}{m}(\boldsymbol{F}+\boldsymbol{F}_1) \tag{7.97}$$

由于 F_1 很难得到,则式(7.97)可以写为

$$\frac{\mathrm{d}\boldsymbol{v}}{\mathrm{d}t}=\frac{1}{m^{*}}\boldsymbol{F} \tag{7.98}$$

问题中不直接出现晶格力仅出现外力,较容易处理。引入有效质量取代真正质量,使电子加速度和外力直接联系在一起,用熟知的牛顿定律描述晶体电子在外场力 F 中的行为。有效质量概括了未知晶格力的作用,和真实质量有很大的不同。

进一步分析有

$$\frac{\boldsymbol{F}\mathrm{d}t}{m^{*}}=\frac{\boldsymbol{F}\mathrm{d}t}{m}+\frac{\boldsymbol{F}_1\mathrm{d}t}{m} \tag{7.99}$$

$\boldsymbol{F}\mathrm{d}t$ 可以用动量增量 $\Delta\boldsymbol{P}$ 表示:① 当从外场中获得的动量大于电子传给晶格的动量,则为正,有效质量则大于0;② 当从外场中获得的动量小于电子传给晶格的动量,则为负,有效质量则小于0;③ 当从外场中获得的动量等于电子传给晶格的动量,有效质量趋于无穷大,平均加速度为0;④ 晶体电子加速度的方向与外场力及晶格力的合力方向一致,电子加速度的方向与外场力的方向不一定一致。

7.7　导体、半导体和绝缘体的能带论解释

自然界的物质导电性能差异很大，可以分为半导体($\rho=10^{-2}\sim10^{9}\ \Omega\cdot\text{cm}$)、导体($\rho<10^{-6}\ \Omega\cdot\text{cm}$)和绝缘体($\rho=10^{14}\sim10^{22}\ \Omega\cdot\text{cm}$)。导体、半导体和绝缘体的本质区别在于能带结构的不同。我们从能带和能级的角度考查电子在晶体中按能级的排布。

7.7.1　能带的填充

电子是费密子，其排布原则：① 服从泡利不相容原理；② 服从能量最小原理。各能带被电子全充满的条件：①s 能带：无简并，$2N$ 个电子全充满；②p 能带：3 个能带交叠而成，$6N$ 个电子充满；③d 能带：5 个能带交叠而成，$10N$ 个电子充满。

例：钠的电子排布为 $1s^2 2s^2 2p^6 3s^1$，N 个原胞，对于孤立原子，N 个原子共有 $2N$ 个 1s 电子填充 1s 态；对于晶体，此 $2N$ 个电子充满 1s 能带。同理，对于孤立原子，N 个原子共有 $2N$ 个 2s 电子填充 2s 态，N 个原子共有 $6N$ 个 2p 电子填充 2p 态，N 个原子共有 N 个 3s 电子填充 3s 态；对于晶体，则有 $2N$ 个电子充满 2s 能带，$6N$ 个电子充满 2p 能带，N 个电子填充 3s 能带。

孤立原子，内层电子能级一般都是填满的，在形成固体时，其相应的能带也填满了电子。而外层电子能级可能填满，也可能未填满，因此相应的能带不一定是全部填满电子。影响晶体性质的实际上主要是不满能带中的电子。

各能级被电子填满的能带为满带；各能级没有电子填满的能带为空带；价带则是由价电子能级分裂而形成的能带。通常情况下，价带为能量最高的能带，可以是满带，也可以是不满带。导带指未被电子填满的能带，或最下面的一个空带。

7.7.2　固体导电性

固体导电的基本规律是满带电子不导电，不满带电子在无外电场作用下不导电，不满带电子在外电场作用下导电。

1. 满带不导电

能带中每个电子对电流的贡献为 $-e\boldsymbol{v}(\boldsymbol{k})$，带中所有电子的贡献为

$$\boldsymbol{j}=-e\boldsymbol{v}(\boldsymbol{k})n \tag{7.100}$$

能带中电子对称分布，$\boldsymbol{k}$ 和 $-\boldsymbol{k}$ 态具有相同的能量，即

$$E_n(\boldsymbol{k})=E_n(-\boldsymbol{k}) \tag{7.101}$$

波矢为 $\boldsymbol{k}$ 的电子的速度为

$$\boldsymbol{v}(\boldsymbol{k})=\frac{1}{\hbar}\nabla_k E \tag{7.102}$$

可以得到

$$\boldsymbol{v}(\boldsymbol{k}) = -\boldsymbol{v}(-\boldsymbol{k}) \tag{7.103}$$

即处于同一能带上 $\boldsymbol{k}$ 态和 $-\boldsymbol{k}$ 态的电子速度大小相等，方向相反。

(1) 无外场。

无外场时，热平衡状态下，电子占据波矢 $\boldsymbol{k}$ 和 $-\boldsymbol{k}$ 的状态的概率相等。每个电子产生的电流 $-e\boldsymbol{v}$，对电流的贡献相互抵消，总电流为0，如图7.16所示。可见晶体中的满带在无外场时，不产生电流。

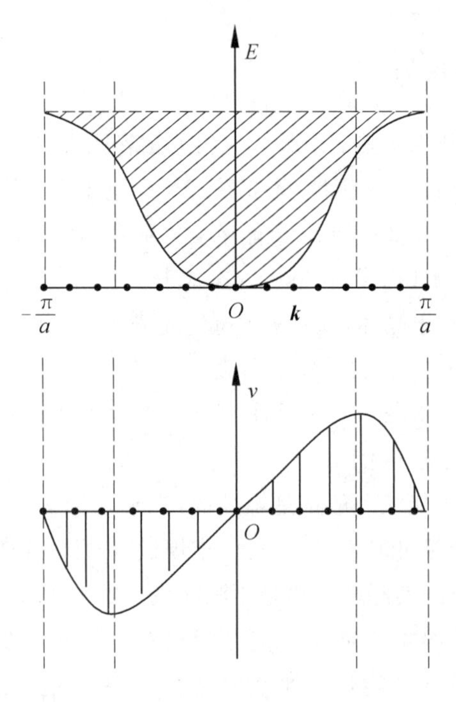

图7.16 无外场作用时电子的能量和速度

(2) 有外场。

电子受到的作用力为

$$\boldsymbol{F} = -q\boldsymbol{E} \tag{7.104}$$

电子动量的变化为

$$\frac{\mathrm{d}(\hbar\boldsymbol{k})}{\mathrm{d}t} = \boldsymbol{F} \tag{7.105}$$

综上，得到

$$\frac{\mathrm{d}\boldsymbol{k}}{\mathrm{d}t} = -\frac{1}{\hbar}q\boldsymbol{E} \tag{7.106}$$

所有电子状态以相同的速度沿着电场的反方向运动。对于满带的情形，电子的运动不改变布里渊区中电子的分布，满带中的电子不产生宏观的电流，如图7.17所示。满带电子在有无电场时均不导电。

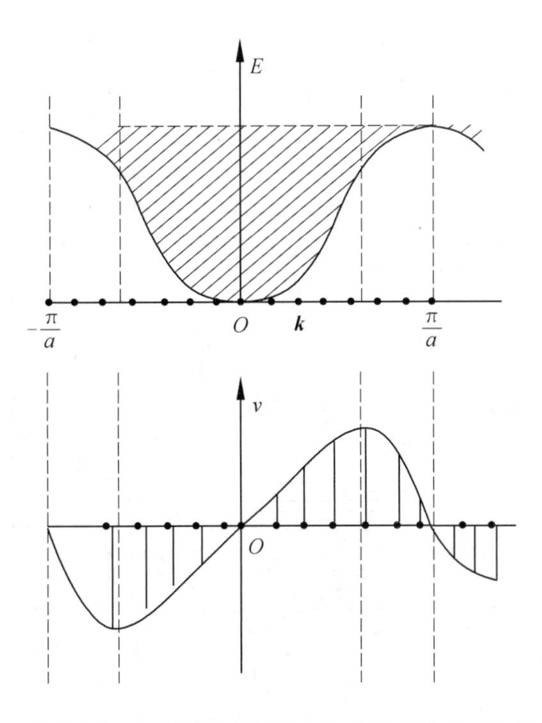

图 7.17 电场满带情况下电子的能量和速度分布

2. 不满带电子无外电场作用不导电

如图 7.18 所示，无外场时，热平衡状态下，电子占据波矢 $\boldsymbol{k}$ 和 $-\boldsymbol{k}$ 的状态的概率相等；虽未被全部充满，但波矢为 $\boldsymbol{k}$ 态和 $-\boldsymbol{k}$ 态的电子速度大小相等，方向相反。对电流的贡献抵消，总电流为 0。晶体中的不满带在无外场作用时，不产生电流。

3. 不满带电子在外电场作用下导电

如图 7.19 所示，有外场作用时，电子的状态在 $\boldsymbol{k}$ 空间发生平移，这样破坏了原来的对称分布。沿电场方向与反电场方向运动的电子数目不相等，这时电子对电流的贡献只有部分抵消，总电流不为 0，即宏观上产生电流。

7.7.3 空穴

通过上文的分析可见，只有不满的能带才具有导电的功能。对于近满带，满带中的少数电子受热或光激发从满带跃迁到空带中去，使原来的满带变为近满带。这种情况下，引入空穴，描述近满带的导电性。

设想近满带中只有一个 $\boldsymbol{k}$ 态没有电子，在电场的作用下，近满带产生的电流为近满带中所有电子对电流的贡献，总电流为 $\boldsymbol{I}(\boldsymbol{k})$。在这个空状态 $\boldsymbol{k}$ 上放一个电子，则这个电子产生的电流为 $-e\boldsymbol{v}(\boldsymbol{k})$，放上这个电子后，该能带就成满带，满带电流密度为零，即

$$\boldsymbol{I}(\boldsymbol{k})+[-e\boldsymbol{v}(\boldsymbol{k})]=\boldsymbol{0} \tag{7.107}$$

$$\boldsymbol{I}(\boldsymbol{k})=e\boldsymbol{v}(\boldsymbol{k}) \tag{7.108}$$

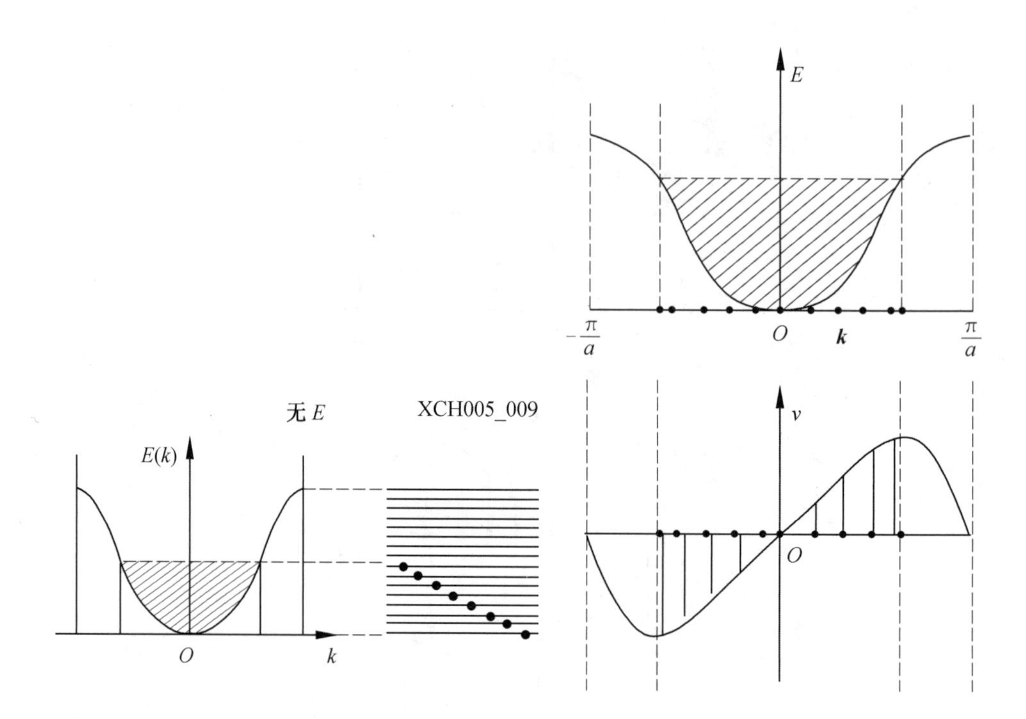

图 7.18　不满带电子无外电场情况下电子能量和速度分布

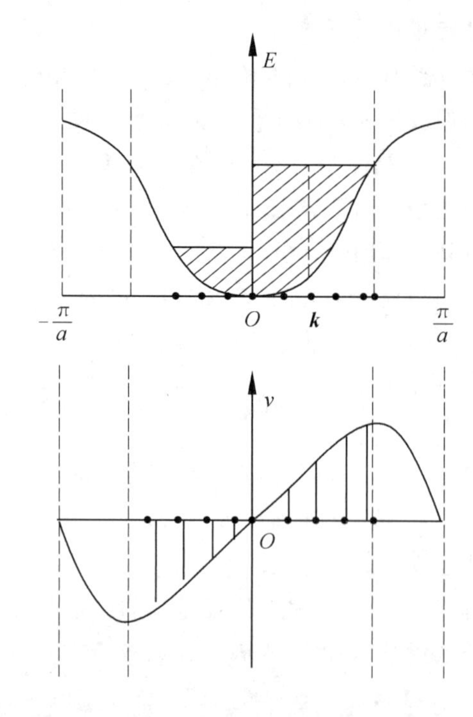

图 7.19　不满带电子在外电场作用下导电

即只有一个 $\boldsymbol{k}$ 态(缺一个电子)空着的近满带,其所有电子集体运动所产生的电流等于一个带正电荷 e,速度与 $\boldsymbol{k}$ 态电子速度 $\boldsymbol{v}(\boldsymbol{k})$ 相同的粒子产生的电流。当满带

顶附近有空状态 $\boldsymbol{k}$ 时,整个带中的电流以及电流在外电磁场中的变化相当于一个带正电 e,具有正有效质量 m^*,速度 $\boldsymbol{v}(\boldsymbol{k})$ 的粒子。这样的粒子称为空穴。

引入空穴,将近满带大量电子对电流的贡献等同于少量的带正电荷的空穴对电流的贡献,使问题简化。固体中导带底部少量电子引起的导电 —— 电子导电性;固体中满带顶部缺少一些电子引起的导电 —— 空穴导电性。满带中的少量电子激发到导带中,产生的本征导电是由相同数目的电子和空穴构成的混合导电性。

7.7.4 导体、半导体、绝缘体的区分

1. 导体

在 0 K,系统处于基态。电子按能量由低到高的顺序填充能带中的状态。如果最后填充的能带是不满(图 7.20),则它必然是导电的,因而是导体。例如 Na、Li、K 等晶体,电子排布为 $1s^2 2s^2 2p^6 3s^1$。

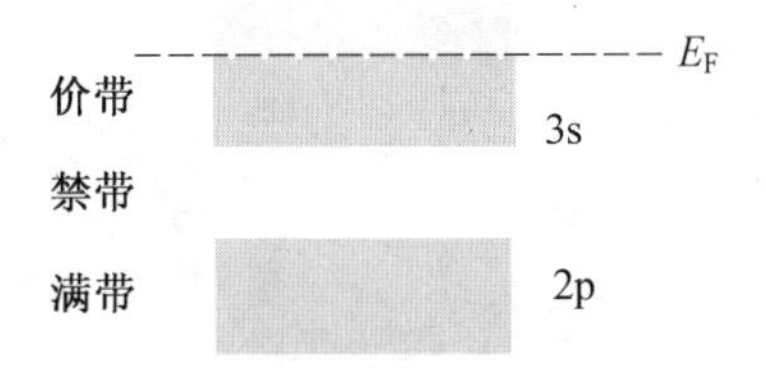

图 7.20 导体的能带结构

对镁而言,电子排布是 $1s^2 2s^2 2p^6 3s^2$。N 个原子组成的晶体,其 $2N$ 个价电子似乎刚好填满一个 s 能带的 $2N$ 个状态,从而得到不导电的结论,这个结论不正确。实际上这些元素晶体的 s 能带与其上方的 p 能带是交叠的,电子在没有填满 s 能带以前,已开始填充 p 能带,这样两个能带都是不满的,因而具有导电性,使 Mg 成为导体,如图 7.21 和图 7.22 所示。其他碱土金属 Be、Ca 也是类似的。这种导电性为混合型导电。

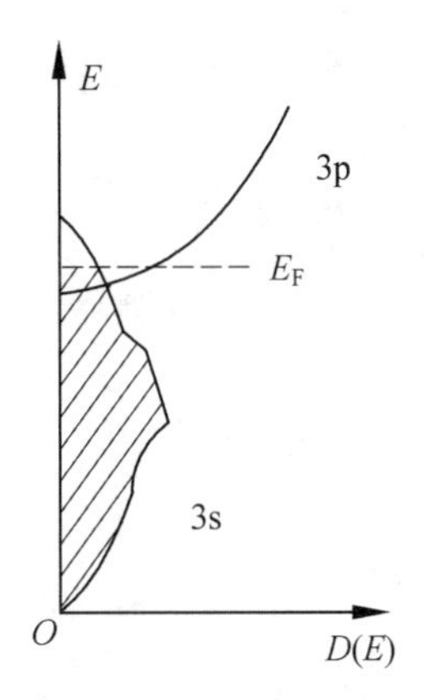

图 7.21 Mg 合金的能带重叠曲线

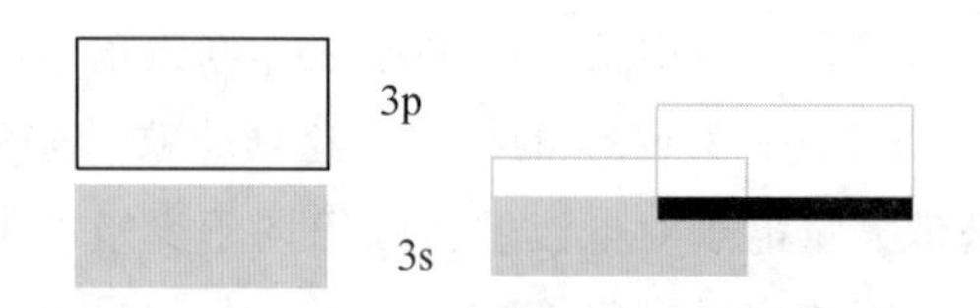

图 7.22 Mg 合金的能带重叠

2. 绝缘体和半导体

原子中的电子是满壳层分布的，电子填满一系列的能带，最上面满带即为价带，在一般情况下，价带之上的能带没有电子，是空带，如图 7.23 所示。通常将最靠近价带的空带又称为导带。价带和导带之间存在一个很宽的禁带。

从能带论的角度看，绝缘体和半导体没有本质的差别，半导体应当算是绝缘体的一个子类，它们的差别仅仅在于禁带宽度 E_g 的大小不同。对于绝缘体来说，禁带一般在 3 ～ 6 eV；对半导体而言，一般在 0.1 ～ 1.5 eV。二者之间没有严格界限。

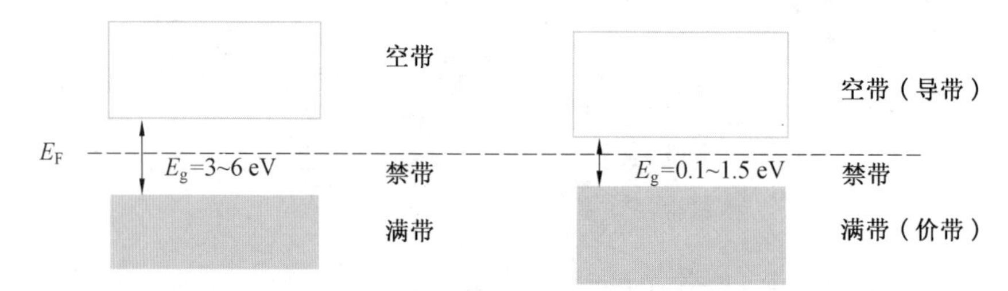

图 7.23 绝缘体和半导体的能带结构

思考题与习题

1. 解释概念：能带理论、布里渊区、有效质量。

2. 引入电子有效质量的物理意义是什么？电子有效质量为无穷大的物理意义是什么？

3. 波矢空间和倒格空间有何关系？为什么说波矢空间内的状态点是准连续的？

4. 试述布洛赫定理，说明其物理意义。

5. 一维简单晶格中一个能级最多能包含几个电子？

6. 晶格常数为 a 的一维晶体中，电子的波函数为

$$\psi_k(x) = \mathrm{i}\cos\frac{3\pi}{a}x$$

求电子的波矢。

7. 已知一维晶格中电子的能带可以写为

$$E(k) = \frac{\hbar^2}{ma^2}\left(\frac{7}{8} - \cos ka + \frac{1}{8}\cos 2ka\right)$$

式中 a—— 晶格常数；

m—— 电子质量。

试求：

(1) 能带宽度；

(2) 电子平均运动速度；

(3) 在带顶和带底的电子的有效质量。

8. 试比较自由电子和布洛赫电子性质的异同。

参考文献

[1] 费维栋.固体物理[M].2版.哈尔滨:哈尔滨工业大学出版社,2018.

[2] 华中,杨景海.固体物理基础[M].长春:吉林大学出版社,2010.

[3] 吴代鸣.固体物理基础[M].北京:科学出版社,2005.

[4] 王矜奉.固体物理教程[M].济南:山东大学出版社,2010.

[5] 文尚胜,彭俊彪.固体物理简明教程[M].广州:华南理工大学出版社,2007.

[6] 黄昆,韩汝琦.固体物理学[M].北京:高等教育出版社,1988.

[7] 王矜奉,范希会,张承琚.固体物理概念题和习题指导[M].济南:山东大学出版社,2012.

[8] 卡萨普.电子材料与器件原理[M].汪宏,译.西安:西安交通大学出版社,2009.

[9] 陆栋,蒋平,徐至中.固体物理学[M].上海:上海科学技术出版社,2006.